KB271986

맛있는 요리를 만드는 레시피가 있는 것처럼 웃음, 힐링, 성장을 만드는 레시피도 있을까요?
레시피팩토리는 모호함으로 가득한 이 세상에서 당신의 작은 행복을 위한 간결한 레시피가 되겠습니다.

집에서 즐기는 일본 요리 수업

일본 요리의 정답이 아닌,
일본 가정식을
편안하게 즐기기 위한 책입니다

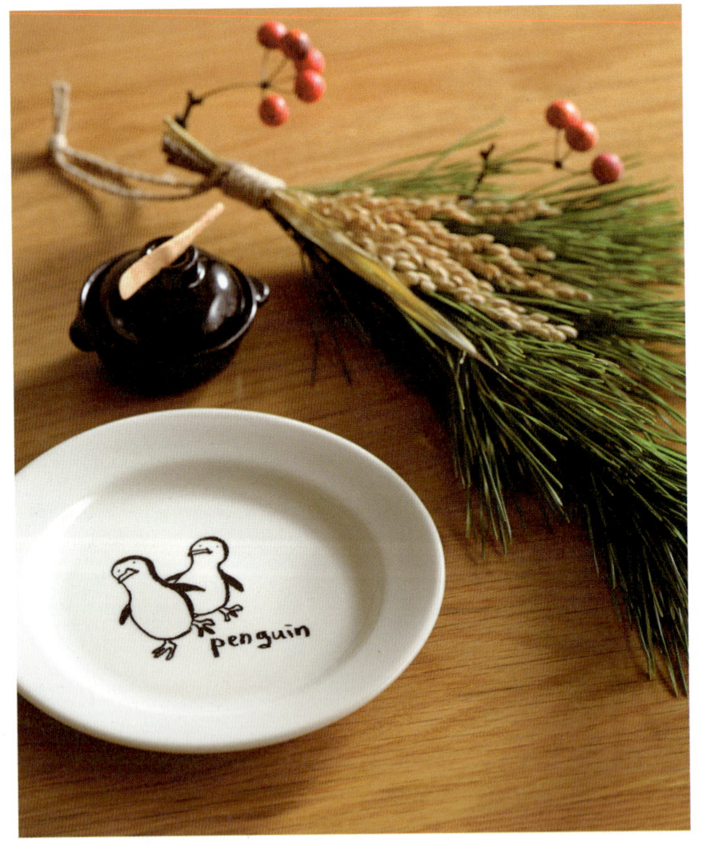

"과정은 최대한 단순하게, 맛은 자극적이지 않게,
대신 좋은 재료로 깊은 맛을 내는 일본 가정식을 항상 고민합니다."

'요리'는 '따뜻함'입니다

이민 가방 하나에 주소가 적힌 종이 한 장을 들고
처음 일본으로 떠났던 날이 아직도 선명합니다.
아는 사람 하나 없었고 일본어도 한마디 할 줄
몰랐지만, 마음 한가운데에는 '요리를 배우겠다'는
뜨거운 열망이 자리 잡고 있었습니다. 일본은 제게
상상 속의 나라였습니다. 도쿄는 어딘가 차갑고
깍쟁이 같은 사람들이 가득한 도시일 것이라 막연히
생각했지요. 하지만 타향살이가 될 것 같았던
유학 생활은 전혀 다른 모습으로 다가왔습니다.
일본 요리학교에서 요리를 배우며 만난 사람들,
그리고 이후 일본 현지 식당에서 함께 일했던 동료들
덕분에 제 하루는 늘 따뜻함으로 채워졌습니다.
돌이켜 보면 그것은 결국 '요리'라는 매개체가 가진
힘이었습니다. 음식을 만들고 나누는 일, 그리고 함께
배우는 경험은 사람을 이어주고 마음을 데워주는
일이었습니다. 직장에서는 유일한 외국인이었던
덕분에 자연스럽게 '한국 음식 전도사'가 되기도
했습니다. 보쌈과 잡채를 만들어 동료들과 나누어
먹었고, 친구들의 집에서는 오니기리나 니쿠자가
같은 일본 가정식을 배우기도 했습니다. 어디에서도
가르쳐주지 않는 일상의 맛이었습니다.

일본 요리의 진짜 모습을 알게 되었습니다

그 과정에서 일본 요리에 대해 가지고 있던
제 편견도 서서히 사라졌습니다. '달고 짜고
간장 맛뿐일 것'이라고 생각했던 단순한 이미지는
학교에서 배운 요리 앞에서 금세 무너졌습니다.
칼을 잡는 자세, 재료를 다루는 마음가짐, 계절에 따라
달라지는 식재료와 조리법, 그리고 작은 그릇 하나에도
의미를 담는 섬세함까지. 일본 요리는 기본을 중시하며
단순함 속에 깊이를 담아내는 세계였습니다. 또한 그때
깨달았습니다. 초밥과 돈가스, 라멘과 우동이
일본 요리의 전부가 아니라는 것을요. 일본에서
사람들이 매일 먹는 음식은 밥과 국, 제철 채소로 만든
반찬 몇 가지가 놓인 소박한 한 끼였습니다.

니쿠자가나 미소시루처럼 집집마다 조금씩
다른 방식으로 이어져 내려오는 음식들, 그 평범한
식탁이야말로 일본 요리의 진짜 모습이라는 생각이
들었습니다.

편안한 일본 가정식을 매일 고민합니다

그 마음은 일본 가정식 쿠킹 클래스로 이어졌습니다.
약 2년의 준비 끝에, 마흔이 되던 2017년 인천 송도에
일본 가정식 쿠킹 클래스 '펭귄쿠킹스튜디오'를
열었습니다. 조금 더 친근하게 다가가고 싶은 마음과
펭귄을 연구하는 남편의 직업에서 힌트를 얻어
'펭귄'이라는 이름을 붙였습니다. 지금도 저는
두어 달에 한 번씩 일본을 찾아 다양한 식당을 다니며
새로운 맛과 흐름을 연구합니다. 집에서는 레시피를
꾸준히 테스트하며, 만드는 과정은 최대한 단순하게,
맛은 자극적이지 않게, 대신 좋은 재료로 깊은 맛을
내는 일본 가정식을 고민하고 있습니다.

수업의 온기를 책에 담았습니다

스튜디오까지 찾아오기 어려운 분들도 계실
것입니다. 그래서 이 책을 쓰게 되었습니다. 수업에서
나누던 이야기와 손맛을 조금이라도 전하고 싶었기
때문입니다. 이 책에는 지난 10년 동안 수업에서 특히
많은 사랑을 받았던 메뉴들과 일본 요리를 배운다면
꼭 한 번은 만들어 보았으면 하는 기본 메뉴들을
중심으로 엄선해 담았습니다. 이 책은 일본 요리의
'정답'을 알려주려는 책이라기보다, 일본 가정식이
일상의 식탁에서 어떻게 만들어지고 이어지는지
그 흐름을 함께 따라가 보는 기록에 가깝습니다.
일본 가정식에 대한 벽을 조금이나마 낮추고, 일상의
식탁에서 일본 가정식이 조금 더 편안하게 다가갈 수
있게 해주길 바랍니다. 그리고 이 책이 독자와 함께
일본 가정식을 천천히 탐구하며 일본 요리의 매력과
깊이를 발견하는 여정이 되기를 바랍니다.

2026년 3월, 저자 **김은재**

Contents

메뉴명의 발음은 외래어 표기법에 따라 최대한 표기하였으나, 쯔유, 텐동, 사쿠라모찌, 후르츠산도 등
우리나라에서 메뉴명으로 널리 알려진 경우에는 이해를 위해 그대로 적었습니다.

일본 요리의 매력, 계절과 재료 본연의 맛을 담다

> 일본 요리는 화려한 양념보다 재료가 가진 맛을
> 가장 먼저 생각하는 음식입니다. 제철 식재료를 사용하고,
> 기본 조미료와 육수로 맛의 균형을 맞추며, 재료의 색과 식감을
> 살리는 조리법을 중요하게 여깁니다. 그래서 일본의 식탁에는
> 계절의 흐름이 자연스럽게 담깁니다. 봄에는 산나물과 봄채소,
> 여름에는 상큼한 채소와 차가운 요리, 가을에는 버섯과 생선,
> 겨울에는 따뜻한 국물 요리가 식탁을 채우죠.
> 또한 일본은 남북으로 길게 뻗은 지형과 다양한 자연환경
> 덕분에 지역마다 사용하는 식재료와 음식 문화가 크게 달라요.
> 같은 일본 요리라도 지역에 따라 맛과 조리법,
> 식문화가 조금씩 다른 것도 흥미로운 특징 중 하나입니다.
> 이 챕터에서는 일본 요리를 이해하기 위해 알아두면
> 좋은 식문화와 기본 재료들을 먼저 살펴봅니다.

일본 요리를 이해하는 3가지 포인트

1. 계절을 담는 요리(旬)

일본 요리에서 무엇보다 중요한 것은
바로 제철 음식입니다. '슌(旬)'이라 하여
제철 식재료를 사용하여 요리를 만들고
그릇이나 담음새로 그 계절을 표현합니다.

2. 재료 본연의 맛 살리기

일본 요리는 재료 본연의 맛을 중시합니다.
그래서 과한 양념으로 맛을 덮기보다
기본 조미료로 재료의 맛을 끌어냅니다.
또한 재료의 식감과 향을 해치지 않는 회나 찜,
구이 등의 조리방법을 많이 사용합니다.

3. 균형과 조화

일본 요리에서는 5가지 맛(단맛 · 짠맛 · 신맛 ·
쓴맛 · 감칠맛), 5가지 색(흰색 · 빨강 · 노랑 · 초록
· 검정), 5가지 조리법(생 것 · 찌기 · 굽기 · 튀기기
· 끓이기)을 고르게 섞는 것을 중시합니다. 또한
담음새에도 음식의 위치, 색채 대비, 여백의 공간,
계절 장식까지 모두 고려합니다.

일본의 지역 음식 문화 한눈에 보기

홋카이도부터 오키나와까지 남북으로 약 3,000㎞ 이상 길게 뻗은 일본은 기온, 강수량, 해류, 농산물이 지역마다 크게 다르고 음식 문화 역시 그 영향을 많이 받으며 발전했다. 또한 비가 많고 습도가 높은 기후 덕분에 곰팡이와 효모가 자라기 좋은 환경을 갖추고 있어 발효 문화가 발달했다. 쌀 누룩(麴, 코지) 곰팡이를 이용한 간장, 된장, 사케, 맛술, 식초 등이 만들어졌고, 이는 일본 요리의 기본 조미료가 되었다. 발효 조미료가 만들어내는 깊은 감칠맛(旨味, 우마미)은 일본 요리의 가장 큰 특징이기도 하다. 일본 요리는 강한 양념 대신 이러한 감칠맛을 활용해 재료 본연의 맛을 살린다. 지역마다 다른 풍토와 식재료가 만들어낸 일본의 다채로운 음식 문화를 살펴보자.

① 홋카이도北海道 지역

일본 최북단의 홋카이도는
일본 안에서도 가장 지역색이
뚜렷한 식문화를 가지고 있다.
추운 기후가 만든 고열량, 고단백,
보온성 음식이 발달했고, 낙농의
중심지로 우유, 생크림, 버터,
치즈 등의 유제품이 특히 맛있다.
또한 사면이 바다로 둘러싸여 게, 연어,
성게 등 사계절 해산물이 풍부하다.

- **카이센동**(海鮮丼) :
  연어알, 연어회, 성게알, 게살 등이 푸짐하게 올라간 회덮밥(88쪽)
- **징기스칸**(ジンギスカン) :
  양고기를 철판이나 전용 냄비에 구워 먹는 요리
- **수프카레**(スープカレー) :
  삿포로에서 탄생한 국물 형태의 카레(206쪽)
- **미소라멘**(味噌ラーメン) :
  된장(미소)을 양념으로 한 라멘

② 도호쿠東北 지역

아오모리현, 아키타현 등이 속한 지역으로, 겨울 기온이 낮고 강설량이
많기 때문에 몸을 따뜻하게 하는 나베(전골)요리가 발달했다. 또한
일본에서도 손꼽히는 대표적인 쌀 생산 지역으로 아키타코마치,
히토메보레 같은 유명한 품종도 대부분 이 지역에서 생산된다. 쌀을
다양한 방식으로 가공하거나 조리한 향토요리가 유명하다.

- **키리탄포**(きりたんぽ) : 찹쌀밥을 삼나무 꼬치에 붙여 구운 후
  닭고기 육수에 넣은 아키타(秋田)현 전통 전골요리
- **세리나베**(せり鍋) : 미나리와 닭고기가 들어간 미야기(宮城)현의 맑은 국물 전골

③ 간토関東 지역

동경, 치바현, 가나가와현, 사이타마현 등으로 이루어진 지역이다.
에도 시대부터 정치, 경제 중심지였던 동경을 중심으로
음식 문화가 발전했으며, 에도 앞바다에서 잡은 생선이라는 뜻의
에도마에(江戸前) 초밥, 소바 등 빠르고 간편하게 먹을 수 있는 음식,
몬자야키, 라멘 등 서민 음식과 대중 음식 문화가 매우 발달했다.

- **간토식 스키야키**(すき焼き) : 소고기와 채소를 간장 베이스 소스인
  와리시타에 조려먹는 음식(266쪽)
- **몬자야키**(もんじゃ焼き) : 묽은 반죽을 철판에서 구워 먹는
  도쿄식 전통 철판 요리

④ 주부中部 지역

일본 본토의 중앙에 위치하며 나고야, 나가노현, 니가타현, 시즈오카현
등으로 이루어져 있다. 일본 알프스라 불리는 산맥이 가로지르는 내륙과
해안이 함께 있는 지역으로, 산악 지형의 영향을 받아 곡물과 채소를
활용한 농가 음식이 발달했다. 특히 나고야 일대는 색이 짙고 맛이 깊은
적된장(아카미소)을 사용하는 음식 문화가 특징이다.

- **히쓰마부시**(ひつまぶし) : 장어구이를 밥 위에 얹고 세 가지 방식으로
  나눠 먹는 나고야 전통 요리
- **미소카츠**(味噌カツ) : 돈가스에 적된장 소스를 얹은 나고야 요리
- **호토**(ほうとう) : 넓적한 칼국수 같은 면을 된장 국물에 끓인
  야마나시(山梨)현 전통 전골요리

⑤ 간사이関西 지역

오사카, 교토, 고베, 나라 등이 포함된
지역이다. 일본의 오래된 수도였던
교토에서는 궁중과 사찰 음식
문화가 이어져 왔고, 상업 도시
오사카에서는 길거리 음식과 철판
요리 등 서민적인 음식 문화가
발달했다. 또한 '육수(다시)의
지역'이라고 불릴 만큼 육수를
중시하는 요리가 많아 간토 지역에 비해
맛이 부드럽고 간이 비교적 순한 편이다.

- **쿠시카츠 & 쿠시아게**(串カツ, 串揚げ) :
  고기, 해산물, 채소를 꼬치에 꽂아 튀긴 오사카 음식(268쪽)
- **오코노미야키**(お好み焼き) :
  밀가루 반죽에 양배추, 고기, 해산물을 넣어 철판에
  구워 먹는 오사카 요리(246쪽)
- **가이세키 요리**(懐石料理) :
  제철 재료를 활용한 교토(京都)의 코스요리
- **유도후**(湯豆腐) :
  뜨거운 다시 국물에 두부를
  데워 먹는 교토 요리
- **사바즈시**(鯖寿司) :
  고등어를 초절임해 만든
  교토 특유의 초밥

⑥ 주고쿠中国 지역

히로시마, 오카야마, 야마구치 등으로 이루어진 지역이다. 북쪽은 일본해,
남쪽은 세토내해를 접하고 있어 바다의 영향을 크게 받는 음식 문화가
발달했다. 주고쿠 북쪽 지역은 산지가 많아 메밀 재배도 활발하며,
일반 소바보다 색이 진하고 향이 강한 이즈모 소바가 유명하다.

- **히로시마식 오코노미야키** : 면과 양배추를 층층이 쌓아 구운
  히로시마 스타일의 오코노미야키
- 야마구치(山口)현의 복어 요리, 히로시마의 굴 요리도 유명

⑦ 시코쿠四国 지역

카가와현, 도쿠시마현, 에히메현, 고치현의 4개 현으로 이루어져 있다.
시코쿠는 일본에서도 우동 문화가 가장 발달한 지역으로, 굵고 탄력이
강한 면, 깔끔한 육수 국물의 사누키우동이 유명하다. 이 지역에서는
아침부터 우동을 먹는 문화가 있을 만큼 우동이 일상적인 음식이다.
또한 가쓰오(가다랑어), 스다치(영귤)와 귤 등 감귤류 생산도 활발하다.

- **우동**(うどん) : 쫄깃한 면으로 유명한 사누키우동
- **가쓰오타타키**(かつおのたたき) : 겉만 구운 가다랑어회에 생강, 파, 폰즈를 곁들인
  고치(高知)현 대표 요리

⑧ 규슈九州 지역

후쿠오카, 나가사키현, 구마모토현, 가고시마현 등으로 이루어져
있다. 한국과 중국에 가까운 지리적 위치로 해외 문화의 영향을
많이 받은 음식이 발달했는데, 나가사키짬뽕이 특히 유명하다.
또한 돼지고기 요리가 많으며 진하고 크리미한 국물의 돈코츠라멘,
가고시마의 흑돼지 요리도 빼놓을 수 없다.

- **미즈타키**(水炊き) : 닭고기와 채소를 닭 육수에 끓여 먹는
  후쿠오카 전골요리(191쪽)
- **모츠나베**(もつ鍋) : 소 곱창, 채소를 넣어 만든 후쿠오카 전골요리(190쪽)
- **돈코츠라멘**(とんこつラーメン) : 돼지뼈 육수로 만든 후쿠오카 라멘

⑨ 오키나와沖繩 지역

일본 최남단에 위치한 섬 지역으로, '류큐 왕국'이라는 독립된 나라였던
역사적 배경으로 일본 본토와는 다른 독특한 음식 문화가 형성되어 있다.
또한 오키나와는 세계적인 장수 지역으로도 유명한데, 여주, 해조류,
두부, 돼지고기 등 담백하고 건강한 식재료를 많이 사용한다.

- **고야참푸루**(ゴーヤーチャンプルー) : 여주, 두부, 달걀, 돼지고기를
  함께 볶은 요리
- **소키소바**(ソーキそば) : 돼지갈비를 얹은 오키나와식 국수

일본 부엌의
필수 재료 9가지

일본 가정식은 복잡한 조리법보다, 늘 부엌에 놓여 있는 몇 가지 재료에서 시작된다.
이 재료들이 있으면 국을 끓이고, 조림을 하고, 간단한 반찬을 만드는 데 큰 어려움이 없다.
일본 가정식의 맛은 특별한 소스에서 나오기보다, 같은 재료를 반복해서 쓰는 방식 속에서
만들어진다. 여기서는 일본 가정식의 기본이 되는 재료들을 하나씩 살펴본다.
각 재료가 어디에 쓰이고, 어떤 역할을 하는지에 초점을 맞췄다. 레시피를 따라 하기 전에
먼저 부엌에 어떤 재료들이 놓여 있는지부터 체크해보자.

간장醬油, 쇼유

간장은 일본 가정식에서 가장 자주 등장하는 조미료이다. 국과 조림, 볶음, 무침 등 다양하게 사용하며 일본 요리를
이해하려면 먼저 간장의 쓰임을 파악해야 한다. 일본 가정식에서 간장은 소금 대신 기본 간으로 사용되는 경우가 많다.
육수에 간장을 더해 국물의 향과 간을 조절하고, 조림에서는 나누어 넣어 색과 농도를 조절한다. 볶음이나 무침에서는
소량만 사용해 재료의 맛이 지나치게 덮이지 않도록 한다. 코이구치간장과 우스구치간장 이외에 타마리간장, 시로간장 등
다양한 종류의 간장이 있으나 이는 특정 요리나 전문 조리에 쓰이는 경우가 많다. 가정식에서의 사용 빈도는 높지 않다.
간장도 지역에 따라 선호하는 것이 있는데 도쿄를 중심으로 한 간토 지방은 코이구치간장을 선호해서 요리의 맛과 색이
진한 편이고, 교토를 중심으로 한 간사이 지역은 우스구치간장을 선호해 재료 본연의 색과 맛을 살리는 편이다.
또한 규슈 지역은 단맛이 더해진 아마구치간장을 선호한다.

간장의 종류

코이구치간장(濃口醬油)

일본 가정식에서 가장 널리 쓰이는
간장이다. 코이구치간장은 대두와
소맥을 발효해 만든 양조간장으로,
조림, 볶음, 구이, 소스, 국 등 다양한
요리에서 사용된다. 우리나라의
양조간장과 맛과 쓰임이 비슷해 대체해
사용할 수 있으며, 일본에서 특별한
언급 없이 간장이라고 하면 코이구치를
뜻한다. 책에서도 '간장'으로 표기했다.

우스구치간장(薄口醬油)

우리나라의 국간장과 비슷한 역할을
하는 간장으로, 코이구치 간장에
비해 비교적 색은 연하지만 염도는
높다. 달걀 요리, 채소 조림이나
맑은 국처럼 재료의 색을 유지해야
할 때 사용한다. 우리나라의
국간장과는 염도가 달라서 대체해서
사용하기 어렵다.

소금塩, 시오

소금은 일본 가정식에서 간을 맞추는 기본 조미료이다. 가장 기본이 되는 소금은
정제염(精製塩)으로, 염도가 일정하고 입자가 고르다. 국물, 밑간, 양념 등 가정식
전반에 사용한다. 소금과 간장은 모두 간을 내는 재료지만, 사용하는 방식은
다르다. 소금은 재료에 직접 닿아 간을 만들고, 간장은 액체 상태로 양념이나
국물에 섞여 사용된다. 간장이 들어가는 요리에서는 색과 향이 함께 더해지지만,
소금으로 간을 잡는 조리에서는 재료의 색과 맛이 그대로 유지된다. 이 때문에
일본 가정식에서는 요리에 따라 소금과 간장을 구분해 사용한다. 수업에서는
구하기 쉽고 맛이 무난한 게랑드 가는 토판 천일염을 주로 쓴다. 책에서도
별도 설명 없이 '소금'이라고 적혀 있는 경우 이 소금을 사용했다.

된장 味噌, 미소

일본 조미료의 근간이 되는 된장은 우리나라의 된장과 비슷하면서도 다르다.
우리나라 된장은 대두와 소금으로 메주를 띄워 만들고, 일본 된장은 대두를 주원료로,
쌀, 보리 등 곡물과 소금, 누룩(麴)을 섞어 발효 · 숙성해 만든다. 된장은 미소시루와 같은
국물 요리뿐 아니라 조림이나 절임, 드레싱의 재료로 광범위하게 사용하고, 재료와 발효
기간 등에 따라 여러 종류가 있다. 두 가지 이상의 된장을 섞은 형태인 아와세미소가
일본 가정식에서 가장 흔하게 쓰이고 우리나라에서도 가장 쉽게 구할 수 있다.

미소의 종류

종류 및 대표 미소	백된장(白味噌, 시로미소) 사이쿄미소(西京味噌)	적된장(赤味噌, 아카미소) 핫초미소(八丁味噌) 신슈미소(信州味噌)	아와세미소 (合わせ味噌)	무기미소 (麦味噌)
색 / 맛	베이지색 / 부드러운 단맛	적갈색 / 짜고 구수한 맛	백된장과 적된장의 중간 색과 맛	연갈색 / 은은한 단맛
원재료 특징	쌀누룩의 비율이 높고 숙성 기간이 1~2개월로 짧음	대두를 주원료로 하며, 1년 이상 길게 발효함	백된장 · 적된장 혼합	보리누룩 사용
지역	교토, 간사이	나고야, 도호쿠	전국	규슈, 시코쿠

청주 日本酒, 니혼슈

일본 요리에서 청주는 양념의
일부로 쓰이며, 국, 조림,
구이, 볶음 등 다양한 조리에
사용한다. 일본 요리에서
술은 조리에 사용하는
'니혼슈(日本酒)'를 뜻한다.
한국에서는 흔히 '사케'라고
부르지만, 일본에서는 '니혼슈'라는 이름으로 구분된다.
청주는 생선이나 고기에서 나는 특유의 잡내를
줄이는데 효과적이며, 재료에 직접 더하거나 양념에
함께 넣어 쓴다. 또한 양념에 청주를 더하면 조리 중
간장이나 맛술이 빨리 졸아드는 것을 늦추는
역할도 한다. 우리나라에서는 백화수복, 청하가
가장 일반적인데, 향이 없는 청주라면 종류에 상관 없이
사용 가능하다.

다시마 昆布, 콘부

일본 요리에서 다시마는
요리의 '맛의 기반'을 만드는
핵심 재료이다. 특히 일본 음식의
기본인 육수(다시)를 만드는 데
가장 중요한 역할을 한다.
다시마에는 '글루탐산'이라는 아미노산이 풍부한데,
이 성분이 일본 요리에서 말하는 감칠맛(旨味, 우마미)의
대표적인 성분이다. 다시마는 미소시루, 우동, 나베,
오뎅 국물 등 일본 요리의 거의 모든 기본 국물에
사용한다. 다시마로 만든 육수는 맛이 맑고 부드러우며
은은한 것이 특징으로 강한 향이 없어 두루두루
활용한다. 다시마 표면에 흰 가루처럼 보이는 물질은
감칠맛 성분이 응축된 것으로, 먼지가 있다면 물로 씻지
않고 마른 행주나 키친타월로 가볍게 닦는 정도가 좋다.
또한 오래 끓이면 점액질이 나와 국물이 탁해진다.

맛술味醂, 미린

맛술은 쌀과 누룩을 바탕으로 만든 일본의 전통적인 단맛 조미료이다. 단맛을 내는 재료이면서
동시에 조리에 쓰이는 술의 성격을 함께 지닌다. 일본 가정식에서는 조림, 볶음, 양념 등에서
널리 사용한다. 한국에서 흔히 쓰이는 '미림'이라는 이름은 일본어 '미린(味醂)'에서 유래했다.
일본 조미료가 한국에 소개되는 과정에서 발음이 한자식으로 표기되었고, 이후 조미용 제품의
이름으로 정착했다. 미린풍 조미료와 발효조미료는 조림이나 양념에 사용할 수 있지만,
조리 결과는 전통적인 혼미린과 차이가 난다.

맛술의 종류

혼미린(本みりん)

혼미린은 쌀, 쌀누룩, 소주를 발효해 만든 전통적인 형태의
맛술이다. 알코올을 포함하고 있으며, 단맛은 발효 과정에서
자연스럽게 생성된다. 액체에 점도와 무게감이 있다. 조림에
사용하면 국물이 재료 표면에 비교적 오래 머물고, 구이에서는
표면에 색과 윤기가 고르게 남는다. 가열하면서 맛술 속
알코올은 증발되고 단맛이 남는다. 간장과 함께 사용할 경우,
조림에서 짠맛이 먼저 튀지 않고 맛이 자연스럽게 이어진다.

미린풍 조미료(みりん風調味料)

혼미린 외에도 조리용으로 판매되는 맛술 계열 제품이다.
미린풍 조미료는 맛술의 맛을 조미용으로 재현한 제품으로,
알코올이 없거나 매우 낮고 당분을 더해 만든다.

발효조미료(発酵調味料)

알코올을 소량 포함한 조리용 제품으로, 혼미린과 미린풍
조미료의 중간 성격을 가진다.

가쓰오부시鰹節, 훈연가다랑어포

가쓰오부시는 가다랑어를 삶아 말리고, 발효·훈연하여 만든 식재료로,
일본 육수의 핵심 재료 중 하나이다. 가쓰오부시는 깎은 모양에 따라
하나가쓰오(花かつお, 얇은 꽃잎 모양), 이토가쓰오(絲かつお, 얇은 실모양),
아쯔케즈리(厚削り, 두껍게 깎음) 등으로 불리고, 국물을 진하게 내야 하는
소바나 우동 육수를 제외하고는 하나가쓰오부시를 사용하는 것이
구하기 쉽고 경제적이다. 가쓰오부시는 국물을 내는 주요 재료이기도
하지만 오코노미야키나 타코야키, 야키소바 등에 올리는 토핑으로도
쓰이고, 오히타시와 같은 채소 무침에 곁들여 내기도 한다. 다만
진한 육수가 필요한 소바와 우동용으로는 가쓰오부시뿐만 아니라
사바부시(鯖節, 고등어포) 등이 혼합된 케즈리부시(削り節)를 쓰는 것이
적합하다. 가쓰오부시는 끓이면 쓴맛과 비린 향이 나기 쉽다. 그래서
끓인 물에 가쓰오부시를 넣고 잠시 우린 뒤 건진다. '끓이지 않고
우린다'는 것이 핵심이다.

식초 お酢, 오스

식초는 일본 가정식에서 무침, 절임, 초밥, 일부 조림에 사용하는 조미료이다.
일본 요리에서는 식초의 종류에 따라 산미의 강도와 향, 조리 결과가 달라진다. 수업에서는
구하기 쉽고 쌀식초와 맛이 비슷한 현미식초를 사용한다.

식초의 종류

쌀식초(米酢, 코메즈)

쌀을 발효시켜 만든 식초이다. 일본 가정식에서 가장
기본적으로 사용한다. 산미가 비교적 부드럽고 향이 강하지
않다. 무침, 절임, 초밥, 양념 등에 두루 사용하며, 일본 가정식
레시피에서 별도의 설명 없이 '식초'라고 적혀 있을 경우
대부분 쌀식초를 의미한다.

양조식초(釀造酢, 조조스)

주정이나 다양한 원료를 발효해 만든 식초를 통칭하는
표현이다. 산미가 비교적 뚜렷하다.

흑식초(黑酢, 쿠로즈)

현미나 쌀을 오래 발효시켜
만든 식초다. 색이 짙고, 쌀식초와는 다른 풍미를 가진다.
가정식에서는 기본 식초로 사용하기보다는 특정 요리에
소량 사용하는 경우가 많다.

술지게미식초(粕酢, 카스즈)

사케를 만들고 남은 술지게미를 발효해 만든 식초이다.
향이 진하고 연한 갈색을 띠는 경우가 많다. 전통적으로 초밥에
사용하였으며, 일반 가정식에서는 사용 빈도가 높지 않다.

설탕 お砂糖, 사토

설탕은 일본 가정식에서 단맛을 내는 기본 조미료이다. 맛술과 함께 사용하는 경우가
많지만, 설탕은 조리 중 직접적인 단맛을 더한다. 또한 설탕이 녹으면서 조림 국물이
점차 농도가 진해지며 구이와 조림에서는 색을 더 선명하게 하는 역할도 한다.

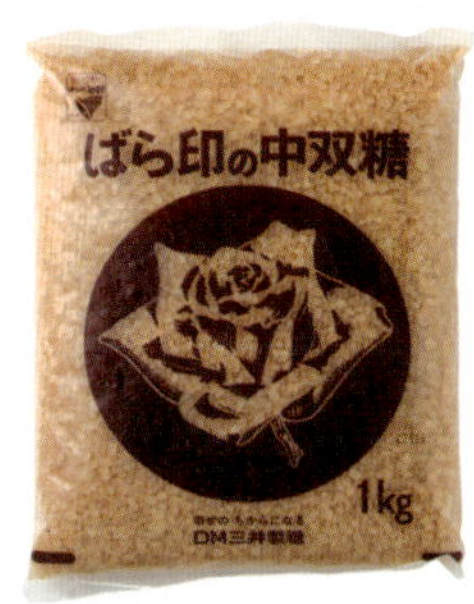

설탕의 종류

백설탕(上白糖, 조하쿠토)

일본 가정에서 가장 흔히 사용하는 설탕이다. 입자가 곱고
수분을 머금고 있어 조리 중 잘 녹는다. 조림, 양념, 소스에
두루 사용하며, 레시피에 별도 설명 없이 '설탕'이라고
적혀 있을 경우 대부분 이 설탕을 의미한다.

삼온당(三温糖, 산온토)

백설탕을 정제하는 과정에서 만들어지는 갈색 설탕이다.
색이 짙고 단맛이 상대적으로 둔하다. 조림에 사용하면
색이 더 진하게 나온다.

자라메설탕(ざらめ糖)

결정이 굵은 설탕이다. 녹는 속도가 느려 조리 중 단맛이
천천히 더해진다. 백설탕에 비해 정제도가 낮아, 단맛 외에
황설탕에 가까운 풍미가 남는다. 조림이나 장시간 가열하는
요리에 사용한다. 책에서는 우나기동(84쪽)의 타레소스를
만들 때 넣었는데, 깊고 부드러운 단맛의 소스가 완성된다.
제과에서는 나가사키 카스텔라에 자라메설탕이 매우 중요한
재료로 쓰이는데, 카스텔라 반죽을 틀에 붓기 전 틀 바닥에
자라메설탕을 뿌린 뒤 구우면 나가사키 카스텔라 특유의
바삭한 식감을 내고 천천히 녹으며 단맛을 부드럽게 전달한다.

그 밖의 보조 조미료

앞에서 다룬 조미료들이 조리의 기본 틀을 만든다면, 보조 조미료는 그 위에서 향, 맛 등 특정 요소를 더하거나
바꾸는 역할을 한다. 사용 빈도는 높지 않지만 몇몇 요리에서는 빠질 수 없는 재료들이다.

유즈코쇼柚子胡椒

유자 껍질과 고추, 소금을 함께 빻아
발효시킨 일본의 전통 양념이다. 규슈
지역에서 유래했으며, 이름에 들어간
'코쇼(胡椒)'는 후추가 아니라 규슈
방언의 '고추(唐辛子)'를 뜻한다.
국물 요리에 소량 풀어 사용하거나,
와사비처럼 닭고기나 생선 요리에
곁들인다. 드레싱이나 소스에 소량 섞어
향과 매운맛을 더하기도 한다.

네리고마練りごま

참깨를 볶아 곱게 갈아 만든 페이스트
상태의 조미료다. '네리(練り)'는
'반죽하거나 갈아낸다'는 뜻이고,
'고마(ごま)'는 참깨를 의미한다. 흰깨나
검은깨를 사용하며, 드레싱, 무침,
고마도후(깨두부) 같은 요리에 쓰인다.
간을 맞추기보다는 고소한 맛과 함께
질감을 더하는 역할을 한다.

혼다시ほんだし

일본에서 가장 널리 쓰이는
즉석 가쓰오부시 육수로, 과립 형태의
조미료이다. 미소시루나 우동 국물,
조림, 달걀말이 등 일본 가정식 느낌을
간편하고 빠르게 낼 수 있지만,
직접 우린 육수에 비해 다소 인위적인
맛이 느껴질 수 있다. 가쓰오부시
육수(23쪽)를 물 1컵(200㎖)에
1/2작은술의 비율로 대체할 수 있다.

시오콘부塩昆布

다시마를 간장과 소금, 설탕으로 조려
잘게 썬 뒤 말린 조미 식재료이다.
짠맛과 함께 감칠맛이 분명해, 주먹밥
속재료, 오이, 양배추, 시금치 등의 채소
무침, 밥 요리에 소량 사용하면 감칠맛을
더한다. 솥밥에 토핑처럼 올려도 좋다.
책에서는 구운 고등어초밥(138쪽),
야키오니기리(146쪽), 유부초밥(150쪽)
밥 양념, 야미츠키 양배추(257쪽)에
사용했다.

와사비わさび

와사비는 일본에서 전통적으로
사용되어 온 매운 향의 조미료이다. 주로
생선 요리나 기름진 음식의 비린내를
잡고 맛을 깔끔하게 정리하는역할을
한다. 회, 초밥, 냉소바 등에 곁들이며,
조리 과정에 넣기보다는 완성 단계에서
더한다. 와사비 향이 약해지기 때문에
일본에서는 와사비를 간장에 풀지 않고
회 위에 살짝 올려 먹는다.

겨자からし

일본 가정식에서 사용하는 겨자는
서양식 머스터드와 다르다. 향과
매운맛이 강하고, 단맛이나 산미는
거의 없다. 오뎅, 슈마이, 돈가스 등의
기름진 음식의 맛을 정리하고, 음식의
맛을 덮기보다는 맛을 선명하게 만드는
역할을 한다. 와사비처럼 조리 과정에
넣기보다는 먹기 직전에 더한다.

시로다시白だし

일본 요리에서 많이 쓰는 연한 색의
농축 액상 육수 간장이다. 이미 간이
된 육수 베이스로, 육수와 간, 감칠맛을
한 번에 해결할 수 있다. 색을 깨끗하게
유지해야 하는 요리에 많이 사용하며,
짭짤하면서도 은은한 단맛이 난다.
단, 염도가 높은 편이고 많이 넣으면
단맛이 과해질 수 있으므로 주의한다.

쯔유つゆ

간장, 맛술, 가쓰오부시, 다시마 등으로
만든 다목적 국물 & 양념 베이스로
짠맛과 단맛, 감칠맛이 균형을 이루는
소스이다. 우리나라에서는 주로
농축된 시판 멘쯔유를 많이 사용한다.
국수의 국물이나 조림 등의 양념으로
많이 사용하며, 쯔유를 물에 희석시켜
사용하는 경우가 대부분이다. 올리브유
등 다른 재료와 혼합해 드레싱으로
쓰기도 한다.

＊ 만드는 법 25쪽 참고.

폰즈ポン酢

유자(柚子), 스다치(すだち, 영귤),
카보스(かぼす) 등 감귤류 과즙에
간장, 맛술, 가쓰오부시, 다시마를 더해
만든 상큼한 양념이다. '폰(ポン)'은
네덜란드어 'Pons(과즙을 이용한
음료)'에서 유래했고, '즈(酢)'는
일본어로 '식초'를 뜻한다. 샤부샤부나
국물 요리의 건더기를 찍어 먹는
가장 기본이 되는 소스이며, 무즙을
넣거나 마요네즈와 섞기도 한다.

＊ 만드는 법 25쪽 참고.

■ 저자가 추천하는 일본 식자재 판매처

오프라인 판매처

요즘은 대부분 온라인을 이용하지만 매장을 직접
방문해서 비교하며 구입해도 좋다.

모노마트 www.m.monomart.co.kr(모바일 웹)
오프라인 및 온라인을 운영하며, 전국에 여러 오프라인
매장이 있다. 이자카야, 일식당용 식자재가 다양하다.

영신씨푸드
냉동 해산물, 가쓰오부시, 육수 재료가 특히 다양하다.
주소 서울시 동작구 노들로 674 지하 1층 16호
(노량진 수산시장 내)

우주식품 www.woojoofood.co.kr
온라인 및 가락시장에서 24시간 매장도 운영한다.
주소 서울시 송파구 양재대로 932 판매동 지하1층 A133-1

온라인 판매처

쿠팡이나 마켓컬리 외에도 일본 식자재를 전문으로
판매하는 온라인 매장이 다양하게 있다. 업체마다
취급하는 품목과 브랜드, 가격이 조금씩 다르기 때문에
여러 곳을 비교해보며 구입하는 것이 좋다. 할인 행사
기간을 활용하면 보다 합리적인 가격에 구매할 수 있다.

효쿠앤코 https://smartstore.naver.com/hyokunco

만호 https://smartstore.naver.com/manho72

태평마트 https://smartstore.naver.com/taepyung

제이프레쉬링크 https://smartstore.naver.com/
jfreshlink

일본 요리의 기본 육수だし 내기

일본 요리에서 다시(出汁, だし)라고 부르는 육수는 빼놓을 수 없다. 육수는 비단 국물요리뿐 아니라
조림, 찜, 소스 등 거의 모든 요리에 사용한다. 일본 요리에서 육수는 고기보다는 주로
해산물, 해조류, 버섯 등 해산물이나 채소를 사용한다.

가쓰오부시 육수 鰹節出汁

일본 가정식의 기본이 되는 육수로 다시마와 가쓰오부시를 사용해 만든다. 가쓰오부시
육수를 내는데 있어 가장 중요한 포인트는 불 조절이다. 다시마 육수를 약한 불로 천천히
끓여 다시마에서 충분히 육수를 뽑아내고 육수가 끓은 후 가쓰오부시를 넣고 오래 가열하지
않아야 쓴맛이 없는 육수를 완성할 수 있다. 일반적인 육수를 뽑을 때는 얇게 썬 하나가쓰오부시를
사용하고 되도록 향이나 색이 변하기 전에 소진하는 것이 좋으므로 60~70g 소포장 구매를 추천한다.

완성량 약 5컵(1ℓ) / 30분 / 냉장 3~4일, 냉동 1개월

- 다시마 5×5cm 3~4장(10g)
- 가쓰오부시 10g
- 물 5컵(1ℓ)

1 냄비에 물, 다시마를 넣고 20분 정도 불린다.
2 ①을 약한 불에 올려 끓기 시작하면 다시마를
   건진다.
3 가쓰오부시를 넣고 불을 끈다.
→ 육수를 진하게 우릴 경우 가쓰오부시의 양을
   20~30g 정도 늘린다.
4 뚜껑을 덮고 5분 이상 우린 후 젖은 면포나
   키친타월을 올린 체에 거른다.
→ 가쓰오부시 육수는 물 1컵(200㎖)에
   혼다시 1/2작은술을 넣어 간편하게 대체할 수
   있지만, 직접 우린 육수에 비해 다소 인위적인 맛이
   느껴질 수 있다.

다시마 육수 昆布出汁, 콘부다시

일본 가정식의 기본이 되는 육수이며 다시마로 만든다.
다시마 육수를 약한 불로 천천히 끓이면 다시마에서 충분히 육수를 뽑아낼 수 있다.

- 다시마 5×5cm 3~4장(10g)   • 물 5컵(1ℓ)

1 냄비에 물, 다시마를 넣고 20분 정도 불린다.
2 ①을 약한 불에 올려 끓기 시작하면 다시마를
   건진다.
→ 치라시스시(128쪽)의 연근 초절임에 사용한다.

일본식 닭 육수 鷄ガラスープ, 토리가라수프

일본식 경양식에서 쓰이는 맑은 닭 육수 레시피이다. 불 조절에 주의해야 하는데,
처음에는 센 불로 불순물이 올라오게 한 후 걷어내고 이후 약한 불로 천천히 끓여야 한다.
닭 몸통뼈는 인터넷으로 구입 가능하다.

완성량 약 10컵(2ℓ) / 1시간 / 냉장 3~4일, 냉동 1개월

- 닭 몸통뼈 1kg   • 당근 1개(200g)
- 양파 1개(200g)   • 셀러리 20cm(40g)
- 마늘 5쪽   • 소금 1.5작은술
- 물 12.5컵(2.5ℓ)

1 채소는 한입 크기로 썬다.
2 닭뼈는 피나 불순물을 제거하고 물에 깨끗하게
   씻는다
3 냄비에 모든 재료를 넣고 중강 불에 올려 끓인다.
   불순물이 올라오면 체로 걷어내고 약한 불로
   줄인 후 뚜껑을 열고 1시간 동안 끓인다.
4 젖은 면포나 키친타월을 올린 체에 밭쳐
   육수만 거른다.
→ 닭 육수는 직접 끓이는 것이 제일 맛있지만,
   닭뼈를 구입하기 번거롭거나 시간이 없다면
   물 1컵(200mℓ)에 치킨파우더 1작은술 또는
   액상치킨스톡(하림) 1작은술 비율로 대체 가능하다.

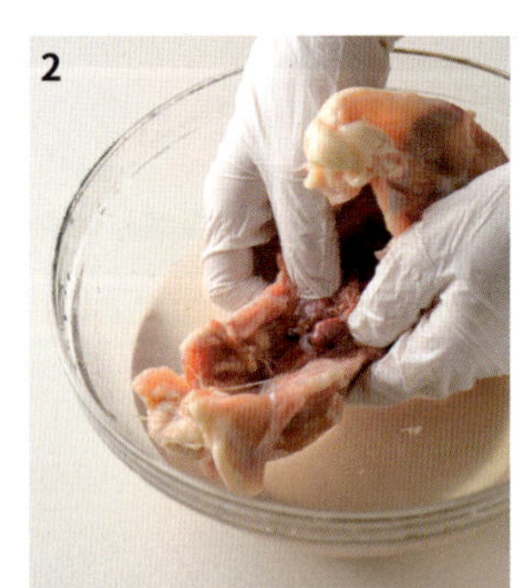

쯔유 つゆ

간장과 가쓰오부시를 베이스로 한 농축 양념이다. 희석시켜 다양한 용도로 사용한다.
오래 끓이지 않고 만드는 양념이기에 약한 불로 천천히 끓여 충분히 맛이 빠져나오게 한다.

완성량 약 2컵(400㎖) / 20분 / 냉장 2주, 냉동 1개월

- 맛술 약 2/3컵(130㎖)
- 청주 1/2컵(100㎖)
- 간장 1컵(200㎖)
- 다시마 5×5cm 5장(15g)
- 가쓰오부시 15g

1 냄비에 모든 재료를 넣고 약한 불에 올려 끓인다.
2 끓기 시작하면 5분간 더 끓이고 불을 끈 후
　　뚜껑을 덮어 5분간 둔다.
3 체에 걸러 냉장 보관한다.

폰즈 ポン酢

감귤즙과 간장을 기본으로 한 새콤한 일본식 소스이다. 샤부샤부나 전골, 생선 요리 등을
찍어먹거나 샐러드 드레싱, 무침 등에도 사용해 가볍고 상큼한 맛을 더한다.

완성량 약 1.25컵(250㎖) / 10분 / 냉장 2주, 냉동 1개월

- 설탕 1작은술
- 맛술 2큰술
- 청주 1큰술
- 식초 2/3큰술(10㎖)
- 간장 1/2컵(100㎖)
- 다시마 5×5cm 1장(3g)
- 가쓰오부시 5g
- 유자즙 6큰술(90㎖)

1 냄비에 모든 재료를 넣고 중간 불에서
　　한소끔 끓인다.
2 실온에서 반나절 이상 숙성 후 체에 걸러
　　냉장 보관한다.

Chapter

1

쇼가야키
生姜焼き
달걀말이
だし巻き玉子
유안야키
幽庵焼き
니쿠자가
肉じゃが
우엉츠케모노
ごぼうの漬物
톤지루
豚汁

가장 기본이 되는 일즙삼채,
소박한 일본 정식

일본 요리를 떠올리면 많은 사람들이 초밥이나 라멘 같은 음식을 먼저 생각합니다. 하지만 일본의 식탁을 조금 더 가까이 들여다보면 그 중심에는 늘 단정한 한 상의 가정식이 있습니다. 따뜻한 밥 한 공기와 국 한 그릇, 그리고 몇 가지 반찬이 어우러진 식사. 일본에서는 이런 상차림을 일즙삼채(一汁三菜)라고 부릅니다. 일즙삼채는 말 그대로 국 한 가지, 반찬 세 가지로 이루어진 식탁입니다. 거창한 상차림이 아니라 매일의 식사를 위한 가장 기본적인 형태입니다. 밥과 국이 식사의 중심이 되고, 생선이나 고기 요리 하나에 채소 반찬 두 가지를 곁들여 한 상을 완성해보면, 일본 가정식의 구조가 생각보다 단순하고

균형 잡혀 있다는것을 자연스럽게 이해하게 됩니다. 일본 요리를 배우는 가장 좋은 출발점이 바로 이 식탁이라고 저는 믿습니다. 이 책 역시 그 한 상의 식탁에서 시작합니다. 일본식 정식으로 차리는 기본적인 밥상을 먼저 살펴보고, 그 식탁에서 조금씩 가지를 뻗어 나갑니다. 한 그릇 요리와 도시락, 튀김과 나베, 이자카야 안주와 초대요리, 그리고 식사의 마지막을 장식하는 디저트까지. 모양은 달라도 결국 모두 일본 가정식이라는 한 식탁에서 이어진 이야기들입니다. 이 챕터에서는 그 식탁의 기본이 되는 일본식 정식과 일즙삼채의 구성, 그리고 일본 요리가 재료와 계절을 담아내는 방식을 먼저 소개하려 합니다.

일즙삼채 세트①

一汁三菜セット

톤지루

豚汁

일본 드라마 〈심야식당〉을 좋아한다.
이 드라마는 늘 톤지루를 끓이는 장면으로
시작한다. 그래서인지 톤지루에 대한
묘한 환상이 있었다. 하지만 일본에서
처음 맛본 톤지루는 기대와 달리 느끼하고
입에 맞지 않았다. 쿠킹클래스를 열고
수강생들에게 배우고 싶은 메뉴를 물었을
때, 의외로 많은 이들이 톤지루를 꼽았다.
그 계기로 우엉을 넣어 다시 끓여본
톤지루는 놀라울 만큼 시원하고 담백한
맛을 냈다. 이제는 누구보다 톤지루를
맛있게 끓일 수 있게
되었다.

4인분 / 20분

- ☐ 돼지고기 대패 목살 200g
- ☐ 무 지름 10cm, 두께 1.5cm(150g)
- ☐ 당근 1/2개(100g)
- ☐ 우엉 지름 2cm, 길이 50cm(100g)
- ☐ 대파(흰 부분) 1대
- ☐ 판곤약 1봉(200g)
- ☐ 아와세미소 3큰술
- ☐ 가쓰오부시 육수 5컵(1ℓ, 23쪽)
- ☐ 참기름 1/2큰술
- ☐ 식용유 1/2큰술

How to Cook

1   무, 당근은 0.5cm 두께로 납작하게 썬다.
대파는 송송 썬다.

2   우엉은 사사가키로 썬다.
……… 사사가키(笹がき)는 일본 요리에서 주로 우엉을
손질할 때 사용하는 칼질 방법으로, 우엉처럼 얇고
단단한 채소를 연필심 깎듯이 비스듬히 놓고
돌려 깎은 모양이 대나무잎(笹, 사사)을 닮았다고 해서
붙여진 이름이다.

3   끓는 물에 곤약을 적당한 크기로 떼어 넣고
30초간 데친다. 찬물에 헹구고 체에 밭쳐
물기를 뺀다.
……… 곤약은 끓는 물에 데쳐야 특유의 냄새가 제거되고
양념도 잘 밴다.

4   냄비에 참기름, 식용유를 두른 후
돼지고기를 넣고 중강 불에서 2~3분간 볶는다.

5   돼지고기가 익으면 무, 당근, 우엉을 넣고
1분간 볶는다.

6   가쓰오부시 육수를 넣고 중간 불에서 끓어오르면
③의 곤약, 미소의 1/2분량을 넣고 채소가
익을 때까지 뚜껑을 덮고 끓인다. 나머지 미소를
넣어 풀고 대파를 넣은 후 한소끔 끓인다.

Chef's Note

❀   미소시루(味噌汁)는 막 끓인 된장의 향을
살리는 것이 중요하다. 각종 채소와 고기의
간이 밸 수 있도록 미소의 1/2분량은 먼저 넣고
나머지 미소는 마지막에 넣어 향을 살린다.

사이쿄야키

西京焼き

백된장, 즉 시로미소의 대표격인
사이쿄미소의 '사이쿄(西京)'는 일본 교토의
옛 이름이다. 교토에서 시작된 이 된장은
달콤하고 부드러워 소스나 구이 양념으로
특히 사랑받는다. 하지만 미소시루에
단독으로 사용하면 단맛이 도드라져
우리 입맛에는 다소 낯설 수 있다.
새해에 교토 여행을 갔을 때 사이쿄미소로
만든 설 음식을 한 입 먹고는 '아찔하게'
달아서 깜짝 놀란 적이 있다. 그때의 강렬한
기억 덕분에 사이쿄야키를 만들 때는
단맛과 짠맛의 균형을
늘 신경 쓰게 된다.

 **4인분 / 20분(+ 삼치 냉장 숙성하기 1~2일)**

- ☐ 삼치 필렛 2쪽(250g, 또는 고등어, 연어 등)
- ☐ 소금 약간
- ☐ 식용유 1큰술

사이쿄미소소스

- ☐ 백된장 약 1/2컵(100g, 사이쿄미소)
- ☐ 설탕 1/2작은술
- ☐ 맛술 1큰술
- ☐ 청주 1큰술

How to Cook

1 삼치 껍질 쪽에 ×자로 칼집을 내고 소금을 뿌려
10분 정도 둔다.
······ 기름기 있는 생선이 잘 어울린다. 삼치뿐만 아니라
고등어나 연어 등의 생선으로 대체 가능하다.

2 볼에 미소소스 재료를 넣고 섞는다.

3 용기에 ②의 미소소스 1/2분량을 펴서 바른 후
거즈를 1장 올린다.

4 삼치의 물기를 키친타월로 닦은 후 ③ 위에
올린다.

5 다시 거즈를 1장 올리고 나머지 미소소스를
바른 후 냉장실에서 1~2일간 숙성한다.
······ 거즈를 깔면 소스는 잘 배고 생선에 된장이
직접적으로 닿지 않아 구웠을 때 덜 탄다.

6 달군 팬에 식용유를 두르고 ⑤를 올려
약한 불에서 앞뒤로 노릇하게 4~5분간 굽는다.
······ 미소소스에 재웠기 때문에 약한 불에서 구워야
타지 않는다.
······ 영귤이나 유자, 레몬 슬라이스 등을 곁들여도 좋다.

연근모찌

蓮根餠

연근을 곱게 간 후 전분을 넣고 반죽해
떡처럼 쫀득한 식감을 낸 요리이다.
일본 요리에서는 실제 떡이 아니더라도
떡과 비슷한 질감이면 모찌(餠)라는 이름을
붙이는 경우가 많다. 이번 레시피에서는
편의를 위해 믹서를 사용했지만, 강판에
갈아 만들면 더 부드럽고 섬세한 식감이
난다. 다만 물이 많이 생기므로 따라버리고
전분 양을 절반으로 줄여 반죽하는 것이
요령이다.

 **4인분 / 15분**

- ☐ 연근 1.3개(400g)
- ☐ 감자전분 7큰술
- ☐ 소금 1/3작은술
- ☐ 식용유 2큰술

조림 양념

- ☐ 설탕 1큰술
- ☐ 맛술 1큰술
- ☐ 청주 1큰술
- ☐ 간장 1큰술

1

2

3

How to Cook

1 연근은 0.2~0.3cm 두께로 12~14개 정도
슬라이스하고 나머지는 깍둑 썬 후
식초물(물 2컵 + 식초 1큰술)에 담가둔다.

…… 연근을 식초물에 담가 두면 갈변을 막고 떫은맛이
제거된다.

2 물기를 뺀 후 믹서에 깍둑 썬 연근을 넣고
곱게 간다. 볼에 조림 양념 재료를 넣고 섞는다.

…… 연근을 강판에 갈아서 사용할 경우 연근에서 나온 물은
따라버리고 전분 3~4큰술만 넣어 반죽한다.

…… 아삭한 식감을 원한다면 믹서를 사용하고,
떡과 비슷한 식감을 원한다면 강판에 간다.

3 ②의 연근에 전분, 소금을 넣고 잘 섞은 후
지름 4~5cm 크기로 동글납작하게 빚는다.

4 달군 팬에 식용유를 두르고 ③을 올린 후
①의 연근 슬라이스를 올린다.

5 가장자리가 살짝 투명해질 때까지 중간 불에서
뒤집어가며 익힌다.

6 ②의 조림 양념을 넣고 중강 불로 올려
양념이 자작해질 때까지 조린다.

차왕무시
茶碗蒸し

찻잔에 달걀물을 넣어 찐 일본식
달걀찜으로, 요리학교에 입학해 가장 처음
배운 요리 중 하나가 바로 이 차왕무시였다.
무슨 일이든 '처음'의 기억은 오래 남는
법이라 차왕무시를 배우던 날의 긴장과
설렘이 아직도 생생하다. 배우기 전에는
분명 어려울 거라 생각했지만 막상
만들어보니 생각보다 단순했고, 그만큼
완성했을 때의 뿌듯함도 컸다.
차왕무시는 일본 요리가 생각보다
어렵지 않다는 것을
처음 깨닫게 해준
요리였다.

지름 6~7cm 용기 4개분 / 15분

□ 달걀 4개

□ 대하 새우 4마리
　(또는 익힌 닭고기, 구운 장어, 은행 등)

□ 맛술 1작은술

□ 우스구치간장 1작은술

□ 소금 1작은술

□ 가쓰오부시 육수 2컵(400㎖, 23쪽)

□ 참나물 약간(생략 가능)

□ 유자 껍질 약간(생략 가능)

How to Cook

1   새우는 꼬리를 제외하고 머리, 내장, 껍질을
제거한 후 끓는 물에 넣어 1분간 데친다.
참나물, 유자 껍질은 적당한 크기로 썬다.

2   볼에 달걀, 육수, 맛술, 간장, 소금을 넣고
잘 푼 후 고운체에 내린다.

    …… 달걀을 고운체에 내리면 알끈이 제거되어
식감이 매끄러워진다.

3   차왕무시 용기에 ②를 80% 높이까지 넣고
용기 뚜껑을 덮는다.

    …… 뚜껑 없이 찌면 수증기 물이 떨어져 표면에 자국이
남을 수 있다. 뚜껑이 없는 용기라면 알루미늄 포일을
덮어도 된다.

4   김이 오른 찜기에 용기 그대로 올리고
찜기 뚜껑을 덮어 센 불에서 2분간 찐다.
약한 불로 줄여 7분간 찐다.

5   용기 뚜껑을 열어 새우를 올리고 다시
용기 뚜껑, 찜기 뚜껑을 덮은 후 약한 불에서
7분간 더 찐다.

6   참나물, 유자 껍질을 올린다.

Chef's Note

❀   차왕무시는 푸딩 같은 부드러운 식감이
생명으로, 부드러움을 살리기 위해서는
불 조절이 중요하다. 처음 2분간 센 불로 쪄서
표면에 막을 만든 후 약한 불로 줄여 찌면
표면이 갈라지지 않고 부드럽게 완성된다.

일즙삼채 세트②
一汁三菜セット

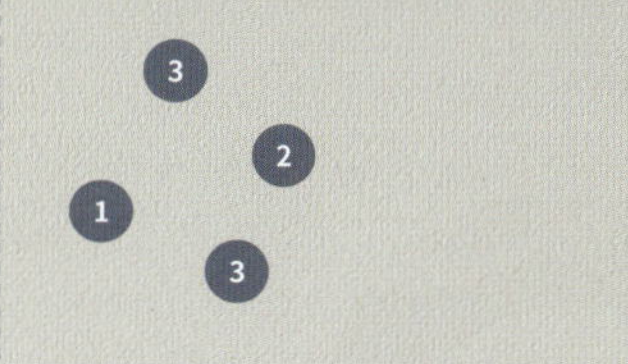

① **국**_탄탄나베 40쪽

② **메인 반찬**_니쿠자가 42쪽

③ **곁들임 반찬**_난방즈케 44쪽, 우엉츠케모노 46쪽

탄탄나베

担々鍋

일본식 중화요리인 탄탄면(担々麺)을
찌개처럼 변형한 요리이다. 두유를 넣어서
끓이는 요리는 자칫하면 두부처럼 국물이
응고될 수 있으므로 베이킹파우더를 넣어
응고를 막는다. 취향에 따라 버섯,
배추, 청경채, 만두,
데친 우동면 등을
넣어도 좋다.

 4인분 / 20분

- [ ] 다진 돼지고기 200g
- [ ] 두부 1/2모
- [ ] 숙주나물 약 1/2봉(150g)
- [ ] 부추 약 1줌(40g)
- [ ] 대파(흰 부분) 2대
- [ ] 두반장 1큰술
- [ ] 굴소스 1/2큰술
- [ ] 아와세미소 2큰술
- [ ] 네리고마 4큰술
- [ ] 베이킹파우더 1작은술
- [ ] 다진 마늘 1작은술
- [ ] 다진 생강 1작은술
- [ ] 무첨가 두유 2.5컵(500㎖)
- [ ] 시판 사골 육수 2.5컵(500㎖)
- [ ] 참기름 1큰술
- [ ] 고추기름 약간(생략 가능)
- [ ] 실고추 약간(생략 가능)

1

2

3

How to Cook

1 두부는 사방 2cm 크기로 썰고, 부추는 3~4cm 길이로 썬다. 대파 1대는 어슷 썰고, 1대는 다진다.

2 팬에 참기름을 두른 후 다진 마늘, 다진 생강, ①의 다진 파를 넣고 중간 불에서 향이 날 때까지 볶는다.

3 다진 돼지고기, 두반장을 넣고 고기가 익을 때까지 볶은 후 굴소스를 넣고 물기가 없어질 때까지 볶는다.

4 사골 육수를 넣고 중간 불에서 끓어오르면 미소, 네리고마, 베이킹파우더 순으로 넣고 푼다.
.... 네리고마는 기름이 대부분인 재료로, 국물 일부를 네리고마에 넣어 잘 푼 후 나머지 재료와 섞어야 분리되지 않는다.
.... 베이킹파우더를 넣으면 두유가 응고되는 것을 막는다.

5 두유를 넣고 잘 섞은 후 중약 불로 줄여 끓인다.
.... 두유 대신 콩물을 사용해도 된다.

6 국물이 다시 끓어오르면 숙주나물, ①의 두부, 부추, 어슷 썬 대파를 넣고 한소끔 끓인다. 그릇에 담고 실고추를 올린 후 고추기름을 끼얹는다.
.... 맛을 봐서 싱겁다면 소금이나 우스구치간장으로 간을 한다.

니쿠자가

肉じゃが

일본 가정식의 대표적인 메뉴로
소고기, 감자 등을 넣고 조린 반찬이다.
일본 만화나 드라마에도 자주 등장하는데,
정작 요리학교에서는 니쿠자가를 배울
수 없었다. 일하던 식당의 셰프들에게
이유를 묻자 "니쿠자가는 가정식이니까
일본의 어머니에게 배워야 한다"는 대답이
돌아왔다. 다행히 아르바이트로 일하시던
일본 주부 한 분께 비법을 전수받았고
나의 니쿠자가 레시피를
완성할 수 있었다.

 4인분 / 40분

- [ ] 소고기 불고기용 300g
- [ ] 감자 2개(400g)
- [ ] 당근 1개(200g)
- [ ] 양파 1개(200g)
- [ ] 그린빈스 7~8개
      (또는 아스파라거스, 꽈리고추, 생략 가능)
- [ ] 실곤약 1봉(200g)
- [ ] 설탕 1큰술
- [ ] 맛술 4큰술
- [ ] 간장 4큰술
- [ ] 가쓰오부시 육수 3컵(600㎖, 23쪽)
- [ ] 참기름 1작은술
- [ ] 식용유 1큰술

How to Cook

1 감자, 당근은 한입 크기로 썬다.
양파는 반으로 썬 후 웨지 형태로 썬다.
끓는 물 + 소금 한 꼬집(분량 외)에 그린빈스를
넣고 1분간 데친 후 어슷하게 썬다.

2 소고기는 사방 5cm 크기로 썬다.
끓는 물에 실곤약을 넣고 30초간 데쳐
찬물에 헹군 후 체에 밭쳐 물기를 뺀다.
······ 곤약은 끓는 물에 데쳐야 특유의 냄새가 제거되고
양념도 잘 밴다.

3 냄비에 참기름, 식용유를 두른 후 소고기를 넣고
핏기가 없어질 때까지 중강 불에서 볶는다.

4 감자, 당근을 넣고 2분 정도 볶은 후
육수, 설탕, 맛술, 간장을 넣는다.

5 오토시부타를 올린 후 중간 불에서
15분간 끓인다.

6 오토시부타를 벗기고 양파, 실곤약을 넣고
7~8분간 더 끓인 후 그린빈스를 넣고 한소끔
끓인다.

Chef's Note

✿ 오토시부타(落とし蓋)는 일본 요리에서 조림을
할 때 냄비가 아닌 재료 위에 직접 올려 사용하는
속뚜껑이다. 냄비보다 한 사이즈 작은 냄비
뚜껑이나 가운데를 뚫은 종이 포일을 잘라 재료에
밀착시켜 올리면 대류 현상으로 인해 양념이 고루
배면서 조림 시간이 짧아진다. 재료가 떠오르는
것을 방지하는 효과도 있다.

난방즈케
南蛮漬け

튀긴 생선에 새콤달콤한 간장소스를 부어
절여먹는 요리이다. 한국 엄마들이 집을
비울 때 곰탕을 한 솥 끓여두듯이
일본 엄마들은 난방즈케를 만들어 냉장고에
쟁여둔다고 한다. 그만큼 대표적인 가정식
밑반찬이다. 생선뿐 아니라 채소만 절여도
좋고, 굴 철에는 굴튀김으로 만들어도
훌륭하다. 쿠킹클래스 수업에서도 활용도가
높아 자주 등장한다. 일본에서는 전갱이를
통으로 사용하는 경우가 많으나 여기서는
구하기 쉬운 연어로 대체했다.
계절에 따라 제철 채소를
사용하는 것도
추천한다.

 4인분 / 20분

- ☐ 연어 400g
  (또는 전갱이, 삼치 등)
- ☐ 당근 1/3개(70g)
- ☐ 파프리카 1/2개(100g)
- ☐ 양파 1/2개(100g)
- ☐ 대파(흰 부분) 1대
- ☐ 박력분 약간
- ☐ 소금 약간
- ☐ 통후추 간 것 약간
- ☐ 튀김용 식용유 적당량

난방소스

- ☐ 가쓰오부시 육수
  약 2/3컵(130㎖, 23쪽)
- ☐ 설탕 2큰술
- ☐ 식초 2/5컵(80㎖)
- ☐ 간장 1.5큰술
- ☐ 소금 약간
- ☐ 유자즙 1/2큰술
  (또는 레몬즙)

How to Cook

1 당근, 파프리카, 양파는 5cm 길이로 채 썬다.
대파는 5cm 길이로 썬다.

2 냄비에 유자즙을 제외한 난방소스 재료를 넣고
설탕이 녹을 때까지 중간 불에서 끓인 후 식힌다.
유자즙을 넣고 섞는다.

3 연어는 한입 크기로 썬 후 소금, 후추를 뿌리고
10분간 둔다.

4 연어의 물기를 키친타월로 닦고 박력분을
살짝 뿌린다.

5 170℃(튀김 반죽이 바닥까지 가라앉았다가
2초 후 바로 떠오르는 정도)로 예열한 기름에
연어를 넣고 노릇해질 때까지 중간 불에서
2~3분간 튀긴다.

6 기름을 두르지 않은 팬에 대파를 올리고
중간 불에서 노릇하게 색이 날 때까지 굽는다.
그릇에 ⑤의 연어, 대파, ①의 채소를 올리고
②의 난방소스를 붓는다.

┈┈┈ 대파는 석쇠에 직화로 구워도 좋다.

Chef's Note

❋ 난방즈케의 난방(南蠻)은 스페인, 포르투갈의
사람이나 사물을 지칭하고, 즈케(漬け)는 절임을
뜻한다. 스페인 요리 '에스카베슈(Escabeche)'가
난방즈케의 기원이라 전해지고 있으며,
이 요리법이 일본으로 전해져 난방즈케라는
이름이 붙었다.

우엉츠케모노
ごぼうの漬物

츠케모노(漬物)는 일본식 장아찌이다.
한국에 김치와 장아찌가 있듯 일본에는
츠케모노의 세계가 있다.
교토 재래시장에서 본 츠케모노 가게들은
종류가 너무 많아 눈이 어지러울 정도였다.
그중 특히 아삭한 우엉츠케모노가 기억에
남아 여러 번의 실패 끝에 지금의 레시피를
완성했다. 새콤하면서도 경쾌한 식감
덕분에 일본식 절임에 익숙하지 않은
사람들도 쉽게 좋아하게 된다.

 **4인분 / 15분 (+ 냉장 숙성하기 1일)**

- ☐ 우엉 지름 2cm, 길이 200cm(400g)
- ☐ 통깨 4큰술

소스

- ☐ 설탕 2.6큰술
- ☐ 식초 4큰술
- ☐ 간장 약 1/2컵(90㎖)
- ☐ 가쓰오부시 육수 2컵(400㎖, 23쪽)

How to Cook

1 우엉은 껍질을 벗기고 길이로 4등분한 후
5~6cm 길이로 썬다.

2 냄비에 소스 재료를 모두 넣고 센 불에서
한소끔 끓인다.

3 끓는 물(5컵) + 식초 1큰술(분량 외)에
우엉을 넣고 중간 불에서 4분 정도 데친 후
체에 밭쳐 물기를 뺀다.

⋯⋯⋯ 우엉을 데칠 때 식초를 넣으면 갈변을 방지하고
우엉의 아린 맛과 떫은 맛을 제거할 수 있다.

4 우엉이 뜨거울 때 ②에 넣고 식힌다.
밀폐용기에 옮겨 담고 하룻동안 냉장실에서
숙성한다.

⋯⋯⋯ 데친 우엉이 뜨거울 때 소스에 넣으면 양념이 속까지
잘 밴다.

⋯⋯⋯ 1주일 정도 냉장 보관 가능하다.

5 절구 또는 푸드프로세서에 통깨를 넣고
곱게 간다. ④의 우엉을 건져내 통깨 간 것을
넉넉히 넣고 버무린다.

⋯⋯⋯ 통깨 간 것은 먹기 직전에 넣고 버무려야
너무 축축하지 않고 고소하게 먹을 수 있다.

일즙삼채 세트③
一汁三菜セット

❶ 국_에비신조 50쪽
❷ 메인 반찬_사바미소니 52쪽
❸ 곁들임 반찬_
우엉볶음 51쪽, 달걀말이 54쪽

에비신조 海老しんじょ

에비(海老)는 새우, 신조(しんじょ)는 생선살이나 해산물을 곱게 갈아 마, 달걀흰자
등과 섞어서 만든 완자 형태의 음식이다. 요리학교에서 에비신조를 배울 때, 질척한
반죽을 손으로 몇 번 쥐자 풍선처럼 반죽이 손 사이로 쏙 올라오는 모습이 참 신기했다.

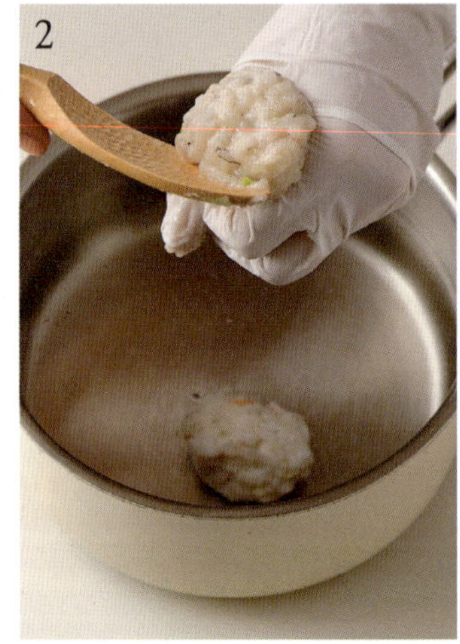

4인분 / 20분

☐ 참나물 약간(생략 가능)

육수

☐ 가쓰오부시 육수 4컵
(800㎖, 23쪽)

☐ 우스구치간장 1작은술

☐ 소금 1작은술

반죽

☐ 생새우살 300g

☐ 달걀흰자 1개분

☐ 대파(흰 부분) 1/2대

☐ 청주 2작은술

☐ 우스구치간장 1작은술

☐ 소금 약간

☐ 통후추 간 것 약간

How to Cook

1 새우살, 대파는 다진다.

...... 새우살 일부(150g)를 한펜 어묵, 또는 '스리미'라고
하는 다진 생선살로 대체 가능하다.

2 볼에 ①과 나머지 반죽 재료를 모두 넣고
섞는다. 냄비에 육수 재료를 넣고 중간 불에서
끓어오르면 반죽을 완자 모양으로 빚어 넣는다.

...... 반죽이 질어 모양 만들기가 쉽지 않다. 손에 반죽을
쥐어 꾹 누른 후 숟가락으로 떠서 넣어도 된다.

3 반죽이 빨갛게 변하면서 떠오를 때까지
중간 불에서 익힌다. 그릇에 반죽을 담고
국물을 부은 후 참나물을 올린다.

우엉볶음 きんぴらごぼう

'킨피라고보'라 부르는 우엉볶음의 킨피라(きんぴら)는 채 썬 채소에 간장, 설탕을 넣고 볶는 조리법, 고보(ごぼう)는 우엉을 뜻한다. 아삭한 식감이 일품인 우엉볶음은 니쿠자가, 시라아에와 함께 일본 가정식의 대표적인 기본 반찬으로 꼽힌다.

4인분 / 15분

- ☐ 우엉 지름 2cm,
  길이 100cm(200g)
- ☐ 설탕 2작은술
- ☐ 맛술 2작은술
- ☐ 간장 1.3큰술
- ☐ 식용유 1큰술
- ☐ 시치미 약간(생략 가능)

How to Cook

1 우엉은 껍질을 벗기고 어슷하게 썬 후 얇게 채 썬다.

2 팬에 식용유를 두르고 중간 불에서 달군다. 우엉을 넣고 중강 불로 올려 아삭한 식감으로 익을 때까지 볶은 후 설탕을 넣고 1분간 더 볶는다.

⋯⋯ 설탕을 가장 먼저 넣는 이유는 설탕이 입자가 커서 다른 재료보다 흡수가 느리기 때문이다. 또 간장처럼 염분이 있는 재료는 먼저 들어가면 설탕, 맛술의 당분이 스며드는 것을 방해하기 때문에 가장 나중에 넣는다.

3 맛술, 간장 순으로 넣고 뒤적여 섞은 후 불을 끈다. 시치미를 넣고 섞는다.

사바미소니

さば味噌煮

사바(さば)는 고등어, 미소(味噌)는 된장,
니(煮)는 조림을 뜻한다. 우리나라의
생선 조림이 국민 반찬이듯 일본에서도
생선 조림은 일상의 맛이다. 그중 미소를
넣어 조린 사바미소니가 대표격. 칼칼하고
매콤한 우리식 고등어조림과 비교하며
먹어보는 것도 재미있다. 같은 재료가
문화에 따라 이렇게
다른 얼굴을 한다.

 4인분 / 20분

□ 고등어 필렛 4쪽(또는 삼치 등 등푸른 생선)

□ 대파(흰 부분) 1대

□ 생강 약간

조림 양념

□ 설탕 3큰술

□ 맛술 4큰술

□ 청주 5/8컵(125㎖)

□ 간장 1큰술

□ 아와세미소 6큰술

□ 생강 3톨(15g)

□ 물 5/8컵(125㎖)

1

2

3

How to Cook

1   고등어는 10cm 크기로 썰고 껍질 쪽에 ×자로
    칼집을 넣는다.

2   대파는 5cm 길이로 썬다. 생강(약간)은
    채 썬 후 찬물에 담갔다가 키친타월에 올려
    물기를 제거한다.
    ······ 생강을 찬물에 담그면 매운맛과 전분기가 빠진다.

3   기름을 두르지 않은 팬에 대파를 올리고
    중간 불에서 노릇하게 색이 날 때까지 굽는다.
    ······ 석쇠에서 직화로 구워도 좋다.

4   냄비에 조림 양념 재료를 넣고 약한 불에서
    끓어오르면 고등어를 올린다.

5   오토시부타를 올리고 약한 불에서 조린다.

6   조림 양념이 1/3 정도로 졸아들면 그릇에 담고
    ②의 생강채, ③의 구운 대파를 곁들인다.

Chef's Note

❀   오토시부타(落とし蓋)는 일본 요리에서 조림을
    할 때 냄비가 아닌 재료 위에 직접 올려 사용하는
    속뚜껑이다. 냄비보다 한 사이즈 작은 냄비
    뚜껑이나 가운데를 뚫은 종이 포일을 잘라 재료에
    밀착시켜 올리면 대류 현상으로 인해 양념이 고루
    배면서 조림 시간이 짧아진다. 재료가 떠오르는
    것을 방지하는 효과도 있다.

달걀말이
だし巻き玉子

가쓰오부시 육수를 넣어 만든
달걀말이이다. 보통 달걀말이는
약한 불에서 천천히 해야 한다고 생각한다.
그런데 요리학교 실습에서 나의
달걀말이만이 유독 얇았다. 선생님께
이유를 물으니 답은 불 세기였다.
불이 약하면 달걀이 충분히 부풀지 않아
식감이 단단해진다는 것이다. 육수의
양만큼이나 불의 온도가 중요하다는 사실을
그때 배웠다. 일본식 달걀말이는
항상 최소 중강 불을 유지하면서
마는 것이 포인트라는
것을 명심하자.

 **4인분 / 20분**

☐ 달걀 4개

☐ 맛술 1작은술

☐ 청주 1작은술

☐ 우스구치간장 1작은술

☐ 가쓰오부시 육수 2/5컵(80㎖, 23쪽)

☐ 소금 약간

☐ 식용유 2큰술

How to Cook

1 볼에 식용유를 제외한 모든 재료를 넣고 섞는다.

2 사각팬에 식용유를 두르고 중강 불에서
뜨겁게 달군 후 그릇에 식용유를 따라내고
키친타월로 닦는다.

⋯⋯⋯ 팬을 충분히 달군 상태에서 달걀물을 부어가며 말아야
달걀물이 팬에 붙지 않고 완성했을 때 달걀이 잘 부풀어
부드러운 식감이 된다.

⋯⋯⋯ 여분의 식용유는 그릇에 따라낸 후 키친타월에
계속 묻혀가며 프라이팬을 닦는다.

⋯⋯⋯ 코팅 팬을 사용하는 것이 작업하기 편리하다.

3 ②에 ①의 달걀물을 붓고 넓고 얇게 편다.

4 젓가락을 이용해 손잡이쪽으로 돌돌 만다.

5 달걀반죽을 손잡이 반대 방향으로 밀고
식용유를 바른 키친타월로 팬에 기름을 골고루
바른다.

6 중강 불에서 과정 ③, ④, ⑤를 여러 번 반복하면서
달걀을 만다.

⋯⋯⋯ 달걀물을 부은 후 기존 달걀반죽 안쪽으로 달걀물을
넣어야 분리되지 않고 잘 말린다.

7 김발 위에 달걀말이를 올리고 돌돌 만 후
양끝에 고무줄로 고정한다.

8 김발을 세워서 식힌 후 2cm 폭으로 썬다.

⋯⋯⋯ 김발을 옆으로 눕혀서 식히면 열기가 밑으로 내려가
달걀말이의 바닥면 색이 변한다. 김발을 세워서
식히면 비교적 열도 잘 빠진다.

⋯⋯⋯ 일본에서는 무 간 것을 곁들여 먹는데,
무의 담백하면서도 약간 매운맛이 달걀말이의
느끼함을 잡아준다.

일즙삼채 세트④
一汁三菜セット

❶ **국**_연근완자국 58쪽

❷ **메인 반찬**_쇼가야키 60쪽

❸ **곁들임 반찬**_유안야키 62쪽, 유자무절임 63쪽

연근 완자국

蓮根まんじゅうの吸い物

강판이나 푸드프로세서로 간 연근(蓮根)을
주재료로하여 과자 만주(まんじゅう)처럼 뭉쳐
모양을 잡은 요리이다. 보통 찌거나 튀겨서
걸쭉한 소스를 끼얹어 먹는 경우가 많으나
여기서는 스이모노(吸い物)라 하여
맑은 국에 넣어서 완성했다. 국물에
무 간 것을 넣고 익힌 후 전분물로 걸쭉하게
만들면 시원하면서도 따뜻하게
먹을 수 있다.

 4인분 / 20분

□ 시금치 1줌(50g)
(생략 가능,
또는 소송채)

완자 반죽

□ 연근 1/2개(150g)

□ 생새우살 150g

□ 달걀흰자 1큰술

□ 맛술 1작은술

□ 청주 1작은술

□ 우스구치간장 1작은술

□ 소금 2꼬집

스이모노 육수

□ 가쓰오부시 육수
3.6컵(720㎖, 23쪽)

□ 맛술 2작은술

□ 우스구치간장 2작은술

□ 소금 2/3작은술

□ 무 간 것 2큰술

□ 전분물 2작은술

1

2

3

How to Cook

1 끓는 물(5컵) + 소금 한 꼬집(분량 외)에
시금치를 넣고 데친 후 4cm 길이로 썬다.

2 믹서에 반죽 재료의 연근을 넣고 간다.

3 ②에 반죽의 나머지 재료를 모두 넣고 간다.
······· 연근과 새우살을 함께 갈면 너무 곱게 갈리기 때문에
연근을 먼저 간 후 나중에 새우살을 넣는다.

4 냄비에 물을 넣고 중간 불에 올려 끓어오르기
직전에 ③을 완자 모양으로 빚어 넣는다.
중약 불로 줄여 4~5분 정도 익힌 후 건진다.

5 다른 냄비에 전분물을 제외한 모든 육수 재료를
넣고 중간 불에서 끓어오르면 약한 불로 줄여
4분 정도 끓인다.
······· 무 간 것은 물기를 짜서 넣는다.

6 전분물을 넣고 센 불로 올려 한소끔 끓인다.
그릇에 ④의 완자, ①의 시금치를 담고 국물을
붓는다.
······· 전분물은 물 2작은술, 감자전분 1작은술의 비율로 섞어
분량만큼 사용한다.
······· 전분물은 전분이 물에 가라앉아 있는 상태이기 때문에
사용 전에 반드시 잘 섞어 넣어야 한다.
······· 유자 껍질을 올리면 한층 더 향긋하게 먹을 수 있다.

쇼가야키

生姜焼き

쇼가(生姜)는 생강, 야키(焼き)는 구이라는
뜻으로, 돼지고기를 생강 양념에
구운 요리이다. 일본식 고기 요리를 하며
느낀 점은 우리처럼 고기를 미리 양념에
재워두는 경우가 의외로 적다는 것이다.
쇼가야키도 그렇다. 보통은 고기를
굽다가 마지막에 양념을 더해 조리듯이
마무리한다. 책에서는 잡내 제거와 약간의
연육을 위해 양파와 생강에
가볍게 절이는
방식을 택했다.

 4인분 / 30분

□ 돼지고기 목살 600g
  (로스용,
  두께 0.4~0.5cm)

□ 식용유 1~2큰술

□ 채 썬 양배추 약간
  (생략 가능)

□ 레몬 슬라이스 약간
  (생략 가능)

돼지고기 밑간

□ 양파 1/2개(100g)

□ 청주 3큰술

□ 다진 생강 1/2작은술

쇼가야키 양념

□ 설탕 2큰술

□ 맛술 1큰술

□ 청주 1큰술

□ 간장 3큰술

□ 다진 생강 1큰술

1

2

3

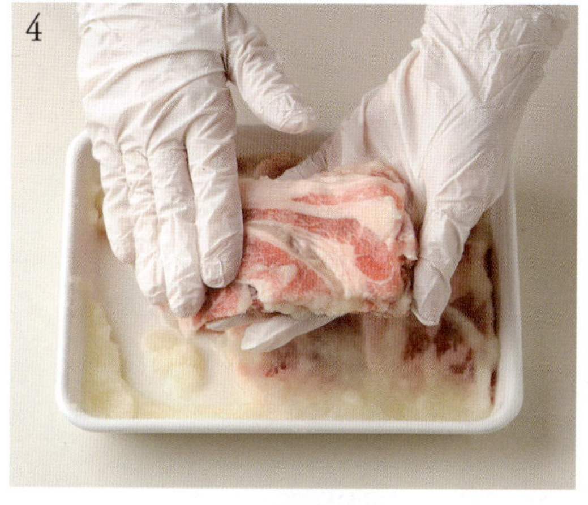

How to Cook

1 믹서에 돼지고기 밑간 재료를 모두 넣고
곱게 간다.

2 볼에 쇼가야키 양념 재료를 넣고 섞는다.

3 용기에 돼지고기, ①을 넣고 버무려
약 20분 이상 재운다.
⋯⋯⋯ 돼지고기 잡내를 없애기 위해 양파, 생강에 재운다.

4 돼지고기에 묻은 밑간을 살짝 걷어낸다.
⋯⋯⋯ 밑간을 걷어내지 않으면 구울 때 타기 쉽다.

5 팬에 식용유를 두르고 ④를 올린 후
핏기가 살짝 없어질 정도까지 중간 불에서 굽는다.

6 팬에 남은 여분의 기름을 키친타월로 닦은 후
②의 양념을 넣고 중강 불에서 2~3분간 조린다.
그릇에 담고 채 썬 양배추, 레몬 슬라이스를
곁들인다.

유안야키 幽庵焼き

유안(幽庵)은 간장과 유자 등을 섞어 만든 소스로, 유안야키는 이 소스에 재운
생선을 구운 요리이다. 이자카야에서 술안주로도 자주 등장한다. 유자는 비린내를
제거하고 구웠을 때 은은한 향을 남긴다. 양념 때문에 쉽게 탈 수 있어 약한 불에서 천천히 굽는다.

1

2

3

 **4인분 / 20분**
(+ 냉장실에서 재우기 12시간)

□ 삼치 필렛 4쪽
　(400g, 또는 고등어, 방어, 연어 등)

□ 소금 약간

□ 식용유 1큰술

유안소스

□ 맛술 1/4컵(50㎖)

□ 청주 1/4컵(50㎖)

□ 우스구치간장 1/4컵
　(50㎖, 또는 간장)

□ 유자 슬라이스 2장
　(또는 레몬 슬라이스)

How to Cook

1　용기에 삼치를 올리고 소금을 뿌린 후 10분간 재운 후
　물기를 키친타월로 제거한다.

2　비닐팩에 ①의 삼치, 소스 재료를 넣고 12시간 정도 냉장실에서 재운다.
　⋯⋯⋯ 삼치 이외에도 고등어, 방어, 연어 등 지방이 있는 생선과 잘 어울린다.

3　삼치만 건져 물기를 가볍게 닦는다. 팬에 식용유를 두른 후 삼치를
　올리고 약한 불에서 4분간 앞뒤로 굽는다.
　⋯⋯⋯ 200℃로 예열한 오븐(또는 에어프라이어)에서 약 10분간 구워도 된다.

유자무절임 ゆず大根

유즈다이콘이라고 부르는 츠케모노(漬物, 일본식 장아찌)이다. 유즈(ゆず)는 유자,
다이콘(大根)은 무를 뜻한다. 밥에 유자와 식초를 섞은 후 무를 박아 숙성한다.
무가 맛있는 겨울에 만드는 것을 추천한다.

4인분 / 무 절이기 12시간,
실온 숙성하기 2일

- ☐ 무 약 1/2개(800g)
- ☐ 설탕 1작은술
- ☐ 천일염 3큰술(30g)
- ☐ 다시마 5×5cm 2장

절임 양념

- ☐ 설탕 약 1.3컵(200g)
- ☐ 맛술 1큰술
- ☐ 식초 약 2/5컵(85㎖)
- ☐ 쌀밥 1.3공기(270g)
- ☐ 유자즙 2큰술

How to Cook

1 무는 길이로 4~6등분한 후 비닐팩에 설탕, 천일염과 함께 넣어
12시간 정도 절인다. 물에 헹구고 찬물에 20분 정도 담가 짠맛을 뺀다.

2 냄비에 절임 양념의 설탕, 맛술, 식초를 넣고 중약 불에서
설탕이 녹을 때까지 저어가며 가열한 후 식힌다.

3 믹서에 ②, 쌀밥, 유자즙을 넣고 간다.

······ 유자즙은 유자를 직접 착즙하거나 냉동 생유자즙을 사용한다.

4 용기에 ③의 1/2분량을 넣고 다시마 1장을 올린다. ①의 무를 넣고
③의 나머지를 부어 무를 잠기게 한 후 나머지 다시마를 올린다. 실온에서
이틀간 숙성 후 냉장 보관하고 먹기 직전에 꺼내 한입 크기로 썬다.

······ 냉장실에서 2주 정도 보관 가능하다.

······ 냉장 보관 시 비교적 높은 온도(채소칸 위)에서 보관하는 것이 좋다. 온도가
너무 낮으면 무의 식감이 딱딱해지고 수분이 빠지거나 유자 향이 약해질 수 있다.

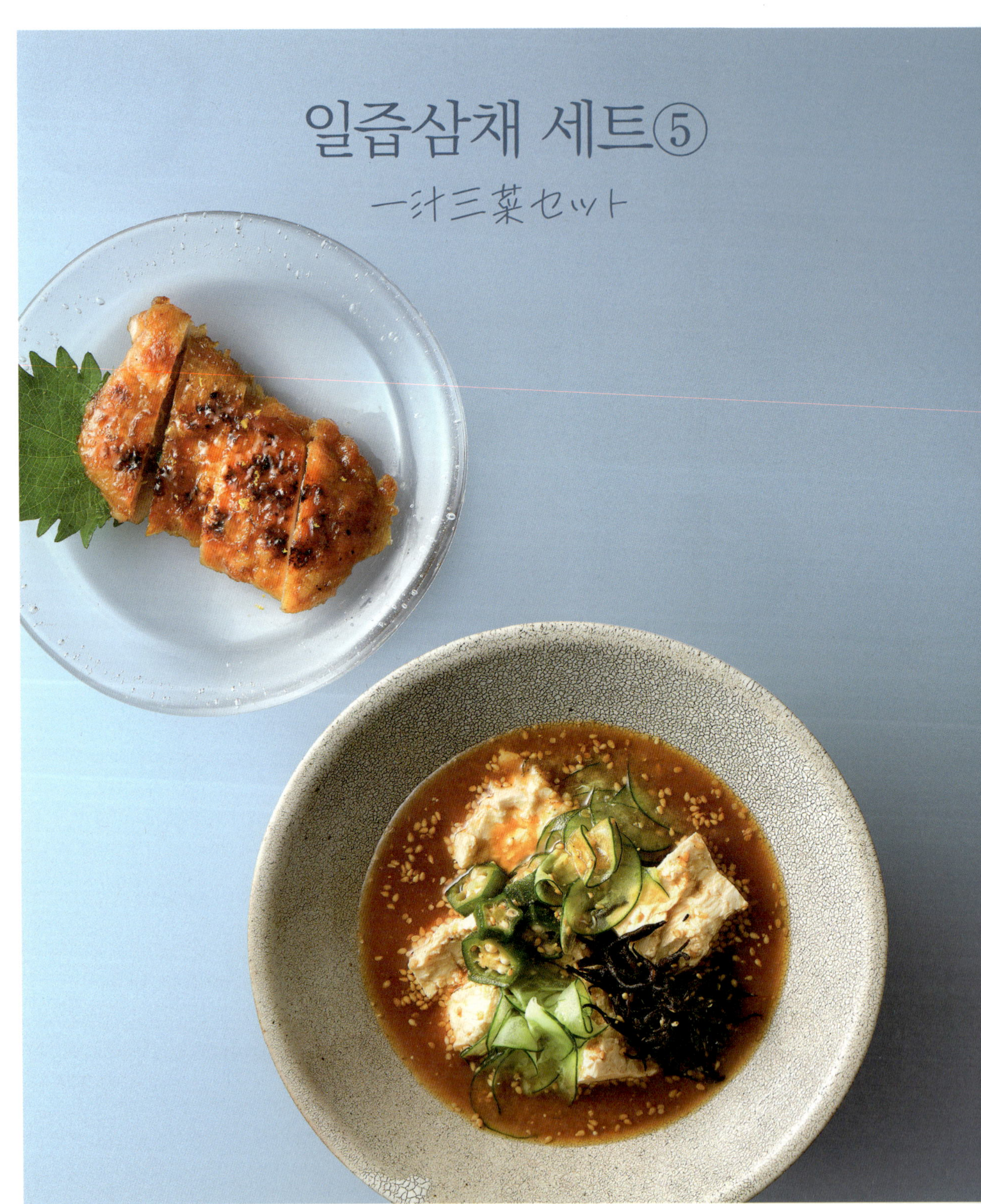

일즙삼채 세트 ⑤
一汁三菜セット

❶ **국**_히야지루 66쪽

❷ **메인 반찬**_레몬치킨 데리야키 68쪽

❸ **곁들임 반찬**_아게다시도후 69쪽, 시라아에 70쪽

히야지루

冷や汁

히야지루는 여름철에 차갑게 먹는
된장국이다. 전갱이 등의 생선살을 채소와
함께 된장국에 넣어 먹는 요리로,
밥을 말아 먹어도 좋다. 아와세미소는
그대로 쓰지 않고 구워 불향을 내는 것이
맛의 포인트. 히야지루는 생선살을 발라
함께 넣어 먹는 것이 오리지널 레시피이나
이번에는 톳을 넣어 식감을 살렸다.
구운 생선살을 톳 대신
넣어도 좋다.

 4인분 / 20분(+ 건톳 불리기 1시간,
냉장실에서 식히기 1시간)

☐ 오이 1/2개(100g)

☐ 오쿠라 2개(또는 그린빈스, 생략 가능)

☐ 건톳 30g(또는 구운 생선살)

☐ 두부 1/2모

☐ 아와세미소 5큰술

☐ 가쓰오부시 육수 3컵(600㎖, 23쪽)

☐ 소금 약간

☐ 통깨 간 것 4큰술

1

2

3

How to Cook

1   포일에 식용유(분량 외)를 얇게 바른 후 미소를
펴 바른다.

2   200℃로 예열한 오븐(또는 에어프라이어)에 넣고
5분간 굽는다.
····· 미소를 구우면 불향을 입힐 수 있다. 원래 일본에서는
나무주걱에 미소를 바르고 직화로 은은하게 구워
사용한다.

3   오이는 채칼로 얇게 썬다. 소금을 뿌리고
10분간 절인 후 물기를 짠다.

4   끓는 물에 톳을 넣고 20~30초, 오쿠라는 1분간
각각 데친 후 1cm 길이로 썬다.
····· 건톳은 찬물에 1시간 이상 불린 후 사용한다.
····· 건톳은 생톳이나 염장톳 100g으로 대체 가능하며,
생톳은 그대로, 염장톳은 중간중간 물을 갈아가며
1시간 이상 물에 담가 짠맛을 빼고 사용한다.

5   볼에 ②의 미소, 통깨 간 것을 넣고 섞은 후
가쓰오부시 육수를 부어가며 잘 푼다.
냉장실에서 1시간 차갑게 식힌다.

6   ⑤에 ③의 오이, ④의 톳과 오쿠라를 넣고
두부를 손으로 큼직하게 뜯어 넣는다.

레몬치킨 데리야키 レモンチキン照り焼き

데리야키소스에 구운 닭고기 요리로, 레몬을 더해 기본 데리야키소스에 변주를
줬다. 닭다리살은 약한 불로 천천히 껍질부분이 바삭할 때까지 구워야 데리야키소스로
조려도 바삭함이 살아있다. 뒤집어 살 부분을 익힐 때는 짧게 구워 고기가 단단하지 않도록 익혀야 한다.

🥣 4인분 / 20분

- ☐ 닭다리살 3쪽(300g)
- ☐ 청주 2큰술
- ☐ 감자전분 약간
- ☐ 식용유 1~2큰술
- ☐ 소금 약간
- ☐ 통후추 간 것 약간
- ☐ 레몬제스트 1/2개분
- ☐ 통깨 약간

데리야키소스
- ☐ 설탕 2큰술
- ☐ 간장 1큰술
- ☐ 다진 생강 1/3작은술
- ☐ 레몬즙 1큰술

How to Cook

1 닭다리살에 청주를 뿌려 10분 이상 재운다.
키친타월로 물기를 제거하고 소금, 후추를
뿌린 후 전분을 앞뒤로 묻힌다.

2 볼에 데리야키소스 재료를 넣고 섞는다.

3 팬에 식용유를 두르고 닭다리살을 껍질
부분이 바닥으로 가게 올린 후 약한 불에서
바삭해질 때까지 천천히 굽는다. 뒤집어
반대편도 완전히 익힌 후 ②의 양념을 넣는다.

4 양념이 자작해질 때까지 센 불에서 1~2분간
조린다. 한입 크기로 썰고 레몬제스트, 통깨를
뿌린다.

아게다시도후 揚げ出汁豆腐

아게(揚げ)는 튀기다, 다시(出汁)는 육수, 도후(豆腐)는 두부를 뜻한다. 튀긴 두부를
가쓰오부시소스에 적셔 먹는, 이자카야나 일본 가정에서 매우 흔하게 먹는 대표적인
두부 요리이다. 겉은 바삭하고 속은 부드러운 식감이 남녀노소를 불문하고 사랑받는 인기 비결이다.

4인분 / 20분

- ☐ 두부 1모
- ☐ 감자전분 약간
- ☐ 무 간 것 약간(생략 가능)
- ☐ 송송 썬 쪽파 약간(생략 가능)
- ☐ 튀김용 식용유 적당량

가쓰오부시소스

- ☐ 맛술 1/5컵(40㎖)
- ☐ 간장 1/5컵(40㎖)
- ☐ 가쓰오부시 육수 1컵
  (200㎖, 23쪽)

How to Cook

1 두부는 사방 4cm 크기로 썬 후 키친타월로 물기를 잘 제거한다.
.... 두부의 물기를 잘 제거하지 않으면 튀길 때 기름이 많이 튄다.

2 냄비에 소스 재료를 모두 넣고 중간 불에서 한소끔 끓인 후 식힌다.

3 두부에 전분을 골고루 묻힌다.
.... 전분가루를 묻힌 후 두부에서 물이 나오기 전에 재빨리 튀긴다.

4 170℃(튀김 반죽이 바닥까지 가라앉았다가 2초 후 바로 떠오르는
정도)로 예열한 기름에 넣고 중간 불에서 2분간 노릇하게 튀긴다.
그릇에 담고 ②의 소스를 끼얹은 후 무 간 것, 쪽파를 곁들인다.

시라아에

白和え

시라(白)는 흰색, 아에(和え)는 무침을
뜻하며, 두부를 으깨 무쳐 먹는 요리이다.
우리나라의 나물무침과 비슷하다. 두부에
물기가 많으면 싱거워지고 식감이
질척거리기 때문에 물기를 잘 제거하고
사용하는 것이 포인트. 시금치 외에도
다양한 나물 채소로
대체할 수 있다.

 4인분 / 20분(+ 건톳 불리기 1시간)

☐ 시금치 250g
　（또는 소송채 등）

☐ 당근 1/4개(50g)

☐ 건톳 8g

☐ 식용유 1큰술

조림 양념

☐ 맛술 1/3큰술

☐ 청주 2큰술

☐ 간장 1/2큰술

시라아에소스

☐ 두부 150g

☐ 설탕 1작은술

☐ 우스구치간장
　2/3작은술

☐ 아와세미소 2/3작은술

☐ 소금 1/3작은술

☐ 통깨 간 것 3큰술

70

How to Cook

1 두부는 누름돌로 누르거나 키친타월로 물기를
잘 제거한다. 건톳은 찬물에 1시간 이상 불린다.

건톳은 생톳이나 염장톳 30g으로 대체 가능하다.
생톳은 불리는 과정 없이 그대로 사용한다.
염장톳은 중간중간 물을 갈아가며 1시간 이상
물에 담가 짠맛을 빼고 사용한다.

2 끓는 물(5컵) + 소금(한 꼬집, 분량 외)에
시금치를 넣고 데친 후 물기를 짜고 5cm 길이로
썬다. 당근은 채 썬다.

3 믹서에 시라아에소스 재료를 넣고
곱게 간 후 큰 볼에 담는다.

4 팬에 식용유를 두른 후 당근을 넣고
반쯤 익을 때까지 중강 불에서 볶는다.

5 ④에 ①의 톳, 조림 양념 재료를 넣고
중강 불에서 3~4분간 조린 후 식힌다.

6 ③의 볼에 시금치, ⑤를 넣고 버무린다.

⑤의 조리고 남은 양념을 제거하고 넣어야 질척거리지
않는다.

우나기동
鰻丼

오야코동
親子丼

도미솥밥
鯛めし

구운 고등어소바
焼き鯖そば

마제소바
まぜそば

일본 한 그릇

일본 가정식을 대표하는 일본식 정식으로 첫 챕터를 열었다면, 두 번째 챕터는 한 그릇에 모든 것이 담긴 요리로 준비했습니다. 일본에서 요리 유학을 하며 지내는 동안 이런 한 그릇 음식을 먹는 순간은 생각보다 자주 찾아왔어요. 넉넉지 않은 유학생의 주머니 사정에 가장 현실적인 선택이었으니까요. 게다가 원래 면 요리를 좋아했던 저는, 일본에 가서야 비로소 물 만난 물고기처럼 라멘과 우동, 소바를 번갈아 먹으면서도 질리지 않았고, 덮밥 중에서는 부드러운 달걀과 닭고기, 단짠이 균형을 이루는 오야코동을 가장 즐겼습니다. 요리학교 졸업여행에서 직접 소바를 반죽하고 삶아서 먹을 기회가 있었는데,

한 그릇이 완성되기까지의 시간과 손길이 고스란히 느껴졌어요. 단순한 음식이라고 여겼던 한 그릇이 사실은 꽤 정성스러운 세계라는 것을 그때 배웠습니다.

일본의 한 그릇 음식은 단순히 많은 것을 담아내는 방식이 아닙니다. 계절을 생각하고, 영양을 고려하며, 맛이 한쪽으로 치우치지 않도록 균형을 맞추려는 고민이 깔려있어요. 그래서 간단해보여도 먹고 나면 이상하게 기억에 남습니다.

여기서는 제가 유학생 시절 가장 자주 의지했던 한 그릇 요리들을 중심으로, 덮밥과 솥밥, 면 요리를 소개합니다. 빠르고 편하지만 속이 든든한, 일본 가정식의 가장 현실적인 얼굴들이라고나 할까요?

오야코동

親子丼

규동
牛丼

오야코동

오야(親)는 부모, 코(子)는 자식, 동(丼)은
덮밥이라는 뜻이다. 닭고기와 달걀을 함께
사용하기에 이런 이름이 붙었다.
일본 가정과 식당에서 맛볼 수 있는
가장 흔하고 대표적인 덮밥 메뉴 중
하나이다. 달걀은 한 번에 다 넣는 것이
아니라 나눠 넣어 일부는 완숙으로,
일부는 반숙으로 익히는 것이 중요하다.
또한 달걀의 익힘 정도를 쉽게 컨트롤하기
위해 1인분씩 나눠서 조리하는 것이 좋다.

 4인분 / 20분

- ☐ 따뜻한 밥 4공기(800g)
- ☐ 닭다리살 4쪽(400g)
- ☐ 달걀 8개
- ☐ 양파 1개(200g)
- ☐ 참나물 약간(생략 가능)

오야코동 쯔유

- ☐ 맛술 3큰술
- ☐ 쯔유 2/5컵(80㎖, 25쪽)
- ☐ 물 1컵(200㎖)

How to Cook

1   양파는 1cm 두께로 채 썰고, 참나물은
한입 크기로 썬다.

2   닭다리살은 껍질, 지방을 제거하고
한입 크기로 썬다.

3   볼에 달걀을 넣고 가볍게 푼다.
다른 볼에 오야코동 쯔유 재료를 넣고 섞는다.

4   냄비에 ③의 오야코동 쯔유, ①의 양파를 넣고
중간 불에서 끓인다.

······· 오야코동 쯔유는 1인분 기준 약 1/3컵(70㎖)을
사용한다.

5   양파가 반 정도 익으면 닭다리살을 넣고
뚜껑을 덮은 후 3분간 끓인다.

6   ③의 달걀 2/3분량을 냄비의 중심에서 바깥으로
돌려가며 넣고 달걀이 반숙 정도로 익으면 나머지
달걀을 넣고 뚜껑을 덮은 후 불을 끄고 20초 정도
뜸을 들인다. 그릇에 밥을 담고 그 위에 올린 후
참나물을 곁들인다.

······· 전용냄비가 없을 경우 바닥이 넓으면서
뚜껑이 있는 냄비를 고른다. 냄비를 기울여 밥 위에
붓기 때문에 높이도 얕은 것이 좋다.

규동

규(牛)는 소고기, 동(丼)은 덮밥, 즉 소고기
덮밥이다. 얇게 썬 소고기와 양파를
간장 베이스의 소스에 졸여 밥 위에
올려 먹는다. 일본 덮밥 중에서 가장
대중적인 메뉴이며, 규동을 전문으로
판매하는 체인점도 많다. 조릴 때
오토시부타(落とし蓋)라고 부르는 속뚜껑을
덮어 맛이 골고루 잘 배일 수 있도록 하는
것이 포인트이다.

 **4인분 / 25분**

- ☐ 따뜻한 밥 4공기(800g)
- ☐ 소고기 불고기용 300g
- ☐ 양파 1개(200g)
- ☐ 우엉 지름 2cm, 길이 25cm(50g)
- ☐ 생강 1톨
- ☐ 시치미 약간(생략 가능)
- ☐ 생강 초절임 약간(생략 가능)

규동소스

- ☐ 설탕 2큰술
- ☐ 맛술 1/4컵(50㎖)
- ☐ 청주 4큰술(60㎖)
- ☐ 간장 4큰술(60㎖)
- ☐ 물 1컵(200㎖)

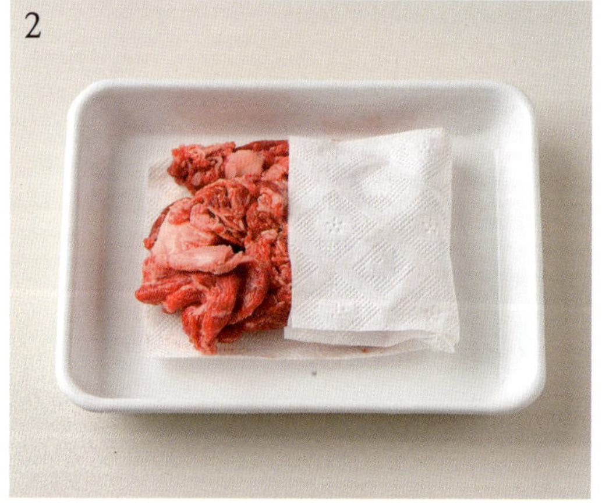

How to Cook

1   양파는 채 썰고, 우엉은 사사가키로 썬다.
생강은 편 썬다.

...... 사사가키(笹がき)는 일본 요리에서 주로 우엉을
손질할 때 사용하는 칼질 방법으로, 우엉처럼 얇고
단단한 채소를 연필심 깎듯이 비스듬히 놓고
돌려 깎은 모양이 대나무잎(笹, 사사)을 닮았다고 해서
붙여진 이름이다.

2   소고기는 한입 크기로 썬 후 키친타월로 핏물을
제거한다.

3   냄비에 소스 재료, ①을 넣고 양파가
반투명해질 때까지 중간 불에서 익힌다.

4   ③에 소고기를 넣고 젓가락으로 잘 풀면서
섞는다.

5   오토시부타를 덮고 약한 불에서 15분 정도
조린다. 그릇에 밥과 함께 담고
시치미, 생강 초절임을 곁들인다.

...... 반숙 달걀이나 생달걀노른자, 쪽파를 올려 먹어도
맛있다.

Chef's Note

❀   오토시부타(落とし蓋)는 일본 요리에서 조림을
할 때 냄비가 아닌 재료 위에 직접 올려 사용하는
속뚜껑이다. 냄비보다 한 사이즈 작은 냄비
뚜껑이나 가운데를 뚫은 종이 포일을 잘라 재료에
밀착시켜 올리면 대류 현상으로 인해 양념이 고루
배면서 조림 시간이 짧아진다. 재료가 떠오르는
것을 방지하는 효과도 있다.

텐동

天丼

텐(天)은 텐푸라, 즉 튀김, 동(丼)은 돈부리(丼ぶり)의 줄임말로 덮밥이라는 뜻이다. 밥 위에
튀김을 올린 덮밥으로, 텐동은 밥 위에 튀김을 올린 후 소스를 끼얹기 때문에 정통 텐푸라
방식의 묽은 반죽으로 튀김을 만들면 쉽게 눅눅해진다. 그래서 텐동용 튀김옷은 조금
다르게 만들어야 하는데, 달걀 대신 마요네즈를 넣어 수분을 줄이고, 밀가루를 더해 반죽을
되직하게 했다. 덕분에 가정에서도 비교적 쉽게 바삭한 텐동을 만들 수 있다.
이외에도 바삭함을 위해 반죽의 모든 재료를 사용 전까지 냉장실에서 차갑게 두고
반죽도 가볍게 섞어 글루텐 형성을 최대한 줄이는 것도 중요하다.

4인분 / 30분

- ☐ 따뜻한 밥 4공기(800g)
- ☐ 각종 채소와 해산물 약간(단호박, 표고버섯, 연근,
  애호박, 시소잎, 꽈리고추, 새우 등)
- ☐ 박력분 약간
- ☐ 튀김용 식용유 적당량

텐동소스

- ☐ 설탕 1큰술
- ☐ 맛술 2큰술
- ☐ 간장 3큰술
- ☐ 다시마 5×5cm 1장

텐동용 텐푸라 반죽

- ☐ 마요네즈 1큰술
- ☐ 박력분 100g
- ☐ 찬물 3/4컵(150㎖)

일본의 음식 이야기

텐푸라 vs. 텐동

텐푸라와 텐동은 둘 다 튀김을 먹는 요리이지만, 텐푸라는
튀김 그 자체를 즐기는 요리, 텐동은 밥 위에 텐푸라를 얹어
덮밥으로 먹는 요리이다. 텐푸라와 텐동 모두 같은
튀김 재료를 사용하는데, 텐푸라는 계절 재료로 최대한
바삭하게, 텐동은 밥과 어울리는 재료 중심으로 올리며,
너무 가볍거나 물이 많은 재료는 덜 사용한다.
또한 텐푸라는 쯔유보다는 조금 더 묽고 깔끔한 맛의
텐쯔유(튀김 전용 소스)에 무즙을 넣어 찍어 먹거나
소금을 곁들이고, 텐동은 설탕과 맛술, 간장으로 만든
단짠 소스를 밥과 텐푸라 위에 끼얹어 촉촉하게 먹는다.

How to Cook

1 냄비에 텐동소스의 재료를 넣고 약한 불에서 끓기 시작하면
약 4분간 끓인 후 식힌다.

2 채소는 한입 크기로 썬다. 표고버섯은 윗면에 칼집을 넣어 모양을 낸다.

3 새우는 머리, 껍질을 벗기고 내장, 꼬리의 물총을 제거한 후
배쪽 관절에 2~3군데 칼집을 넣는다.

4 양손으로 새우 몸통을 꾹꾹 누르면서 관절을 끊는다.
⋯⋯⋯ 이렇게 관절을 끊으면 튀겼을 때 휘어지지 않는다.
⋯⋯⋯ 흰살생선 필렛 등 기호에 따라 다양한 채소와 해산물을 활용해도 좋다.

5 볼에 마요네즈를 넣고 물을 넣어가며 섞은 후 박력분(100g)을 체 쳐 넣는다.
젓가락으로 훌훌 대강 섞는다.
⋯⋯⋯ 텐푸라 반죽 재료를 사용 전에 모두 냉장실에서 차갑게 식히면
더 바삭하게 튀길 수 있다.
⋯⋯⋯ 가루가 남아 있을 정도로 대강 섞어야 글루텐 형성이 되지 않아 튀김이 바삭하다.

6 비닐에 박력분(약간), ②를 넣고 흔들어 가루를 고루 입힌다.
⋯⋯⋯ 튀김옷이 비교적 묽기 때문에 재료에 물기가 없어야 튀김옷이 잘 벗겨지지 않는다.

7 새우는 박력분(약간)을 가볍게 뿌린다.
⋯⋯⋯ 단호박이나 우엉 등의 단단한 재료는 비닐에 넣고 가루를 입혀도 되지만
무른 재료는 가루를 직접 뿌려야 모양이 망가지지 않는다.

8 ⑥, ⑦에 ⑤의 텐푸라 반죽을 입혀 170℃(튀김 반죽이 바닥까지 가라앉았다가
2초 후 바로 떠오르는 정도)로 예열한 기름에 넣고 노릇하게 튀긴다.
그릇에 밥을 담고 ①의 텐동소스를 뿌린 후 튀김을 올린다.
튀김 위에 다시 텐동소스를 뿌린다.

우나기동

うなぎ丼

우나기(うなぎ)는 민물장어라는 뜻이다. 장어를 꼬치에 꽂아 타레(たれ)라고 하는
달콤짭짤한 소스를 여러 번 발라가며 굽는데, 이 조리법을 카바야키(蒲焼き)라고
하기에 카바야키동(蒲焼き丼)이라고도 부른다. 장어 요리의 대표 메뉴인 우나기동은
일본에서는 여름 보양식으로 즐겨 먹으며, 특히 우리나라의 복날과 비슷한 개념의
도요노우시노히(土用の丑の日)에 몸보신을 위해 많이 찾는다.
장어 껍질 부분에는 끈적한 점막이 있으므로 굽기 전 제거해야 비린내가 덜 난다.
장어의 부드러운 식감을 위해 굽고 찌는 과정을 반복하고 구운 장어뼈를
소스에 넣어 깊은 맛을 냈다.

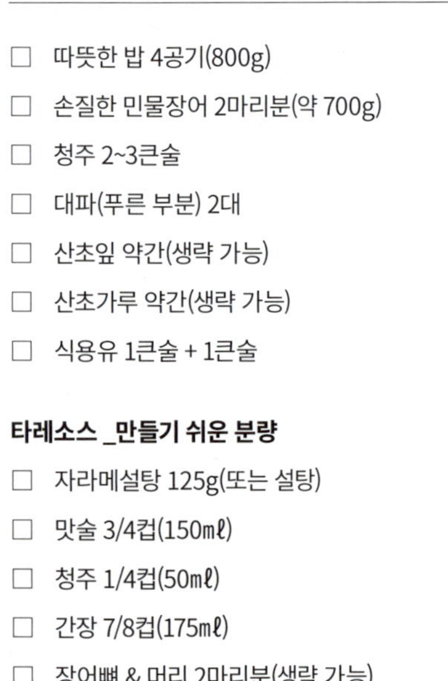

4인분 / 1시간 20분

- ☐ 따뜻한 밥 4공기(800g)
- ☐ 손질한 민물장어 2마리분(약 700g)
- ☐ 청주 2~3큰술
- ☐ 대파(푸른 부분) 2대
- ☐ 산초잎 약간(생략 가능)
- ☐ 산초가루 약간(생략 가능)
- ☐ 식용유 1큰술 + 1큰술

타레소스 _만들기 쉬운 분량

- ☐ 자라메설탕 125g(또는 설탕)
- ☐ 맛술 3/4컵(150mℓ)
- ☐ 청주 1/4컵(50mℓ)
- ☐ 간장 7/8컵(175mℓ)
- ☐ 장어뼈 & 머리 2마리분(생략 가능)

일본의 음식 이야기

우나기 vs. 아나고

우나기는 민물장어, 아나고는 바다장어(붕장어)이다.
우나기는 기름져서 고소하고 진한 맛, 아나고는 담백하고
부드러운 맛이 특징이다. 때문에 기름이 많은 우나기는
간장 양념을 여러 번 발라 굽는 카바야키나 우나기동 등
구이 위주로 많이 사용하며, 아나고는 초밥이나 텐푸라 등에
삶거나 찌거나 튀겨서 부드럽게 익혀 사용하는 경우가 많다.

How to Cook

1   장어뼈와 머리는 깨끗하게 씻어 물기를 뺀 후 180℃로 예열한 오븐
（또는 에어프라이어)에서 15~20분간 노릇하게 굽는다.
.... 장어뼈와 머리는 장어 구입 시 손질하고 남은 것을 받아오거나 따로 구입한다.
.... 장어뼈를 구워 넣으면 비린내가 덜하고 깊은 맛이 더해진다.

2   냄비에 맛술, 청주(1/4컵)를 넣고 센 불에서 1분간 끓여 알코올을 날린다.
중약 불로 줄인 후 자라메설탕을 넣고 저어 녹인다.
.... 자라메설탕은 일본 조림 요리에 많이 사용하는데, 백설탕이 쨍한 단맛이라면
자라메설탕은 은은하고 부드러운 단맛을 낸다. 윤기와 색도 잘 난다.

3   ②에 ①, 간장을 넣고 중간 불에서 끓기 시작하면 뚜껑을 반쯤 덮고
약한 불로 줄여 20분간 조린다.

4   장어는 15~20cm 길이로 썬 후 껍질의 끈적한 점액을 칼로 긁어낸다.
.... 끈적한 점액은 비린내의 원인이 되고 불순물이 많이 묻어 있다.

5   채반을 올린 트레이 위에 ④를 올리고 껍질 부분에 끓는 물을 끼얹는다.
.... 끓는 물을 끼얹으면 남은 점액이 제거되면서 비린내가 줄어든다.

6   팬에 식용유(1큰술)를 가볍게 두르고 장어의 껍질 부분이 바닥을 향하도록
올린 후 중간 불에서 앞뒤로 노릇하게 굽는다.

7   김이 오른 찜기에 대파를 깔고 장어 껍질이 위를 향하도록 올린다.
청주(2~3큰술)를 뿌리고 뚜껑을 덮어 중강 불에서 30분간 찐다.
.... 장어를 쪄서 구우면 식감이 한층 더 부드러워진다.

8   다시 팬에 식용유(1큰술)를 가볍게 두르고 ⑦의 장어를 올려
중간 불에서 앞뒤로 노릇하게 굽는다.

9   중약 불로 낮춘 후 ③의 소스를 앞뒤로 3~4번씩 발라가며 굽는다.
그릇에 밥을 담고 소스를 가볍게 뿌린 후 구운 장어를 올린다. 기호에 따라
산초잎, 산초가루를 곁들인다.

카이센동

海鮮丼

여러 종류의 생선회와 해산물(海鮮)을 밥 위에 올려 먹는 일본식 회덮밥이다. 초밥과
비슷한 재료를 사용하지만 초밥을 덮밥 형태로 먹는 요리이다. 다진 참치 살과 파를 섞는
네기토로(ねぎとろ)는 지방이 적은 적신(赤身) 부위를 사용해도 부드럽게 먹을 수 있도록
마요네즈를 넣어 만드는 것이 포인트이다. 또한 도미를 다시마로 덮어 쫄깃하면서도
다시마 향이 은은하게 나는 숙성회로 완성했다. 카이센동의 해산물은 날로 먹을 수 있는
횟감을 전처리 없이 올려서도 간단히 만들 수 있다.

 **4인분 / 1시간(+ 참치 숙성하기 7~8시간)**

☐ 갓 지은 밥 4공기(800g)	**네기도로**	**소스**
☐ 냉동 간장연어알 100g	☐ 냉동 참치 200g	☐ 설탕 1작은술
☐ 성게알 100g	☐ 마요네즈 1작은술	☐ 맛술 1큰술
☐ 단새우 16마리	☐ 간장 1작은술	☐ 청주 2큰술
☐ 오이 1/2개	☐ 소금 1/2작은술	☐ 간장 1큰술
☐ 시소잎 4장	☐ 참기름 약간	☐ 가쓰오부시 육수 1/2작은술 (또는 혼다시 2꼬집, 23쪽)
배합초	**타이콘부지메**	
☐ 설탕 약 4큰술(30g)	☐ 도미회 필렛 200g (또는 광어회 등)	
☐ 식초 3큰술	☐ 다시마 2장 (도미회를 덮을 정도의 크기)	
☐ 소금 1.5큰술(12g)	☐ 청주 1큰술	

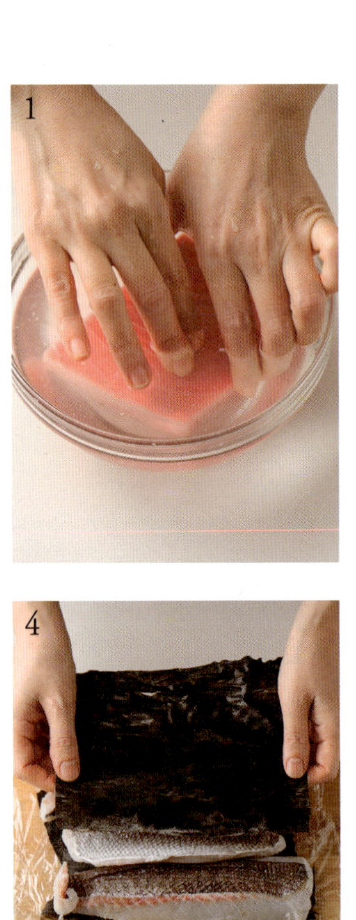

How to Cook

1 냉동 참치는 흐르는 물에 표면을 씻은 후 소금물에 3분간 담가 해동한다.
……… 소금물은 물 5컵, 소금 50g의 비율로 만들어 사용한다.
……… 참치는 적신(赤身, 아카미)이라고 하는 기름기가 적은 붉은 부위를 사용한다.

2 ①의 참치를 해동지에 싸고 랩으로 감싸 냉장실에서 7~8시간 숙성한다.
……… 해동지는 재료에서 나오는 수분을 흡수해 물러지는 것을 막기 때문에 식감이
       더 쫄깃해지고, 핏물을 제거해 비린내도 줄어든다. 소고기의 핏물 제거에도 효과적이다.
……… 해동지는 온라인몰에서 구입 가능하다.

3 타이콘부지메의 다시마는 청주(분량 외)를 적신 거즈로 닦는다.
……… 다시마를 청주나 소주로 닦으면 알코올로 소독하는 효과를 낼 수 있다.
       다시마가 깨끗하다면 이 과정은 생략해도 된다.

4 다시마 위에 도미회를 올리고 다시 다시마를 올린 후 랩으로 감싸
   냉장실에서 3시간 정도 숙성한다.
……… 다시마에 생선회를 감싸 숙성하면 감칠맛이 더해지고 수분을 적당히 흡수해
       생선살이 단단해지면서 찰기가 생긴다. 다시마의 향도 은은하게 밴다.

5 냄비에 배합초 재료를 넣고 설탕, 소금이 녹을 때까지 저어가며
   중간 불에서 끓인 후 식힌다. 다른 냄비에 소스 재료를 넣고 중간 불에서
   설탕이 녹을 때까지 끓인 후 식힌다.

6 갓 지은 밥에 ⑤의 배합초를 넣고 빠르게 섞으면서 식힌다.
……… 카이센동에 사용하는 밥은 쌀과 물을 1 : 0.9 비율로 짓고,
       배합초는 밥 200g당 1큰술씩 사용한다.
……… 밥이 뜨거울 때 배합초를 섞어야 속까지 잘 스며든다. 밥이 식었을 때 배합초를 섞으면
       스며들지 않고 겉돌아 질척거린다.
……… 밥주걱 위에 배합초를 부으면 균일하게 퍼진다.

7 오이는 깍둑 썰고, ②의 참치는 곱게 다진 후 나머지 네기도로 재료를
   넣고 섞는다.

8 ④의 도미는 오이와 비슷한 크기로 깍둑 썬다.

9 볼에 ⑦, ⑧을 넣고 섞는다. 그릇에 ⑥의 밥을 담고 오이와 참치, 도미 섞은 것을
   올린 후 시소잎, 간장연어알, 성게알, 단새우를 올린다. ⑤의 소스를 곁들인다.
……… 조미되지 않은 김을 올리기도 한다.

고모쿠고항

五目ご飯

채소 차돌박이솥밥

野菜と牛バラ肉の炊き込みご飯

고모쿠고항

고모쿠(五目)는 다섯 가지 재료, 고항(ご飯)은
밥을 뜻한다. 이름만 보면 '다섯 가지
재료밥'이지만 꼭 다섯 가지일 필요는
없다. 재료가 많아질수록 맛도 풍성해진다.
오사카나 교토 등의 관서 지역에서는
카야쿠고항(かやくご飯)이라고도 한다.
한국의 솥밥은 밥을 지은 후 양념장을
곁들이는 경우가 많지만, 일본식은
밥을 지을 때 양념을 함께 넣는 방식이
일반적이다. 반면 우리식처럼 비벼 먹는
형태는 마제고항(まぜご飯)이라 부른다.

 4인분 / 40분 (+ 쌀 불리기 30분)

- ☐ 쌀 2컵(320g)
- ☐ 닭다리살 1쪽(100g)
- ☐ 당근 약 1/3개(70g)
- ☐ 표고버섯 1개(20g)
- ☐ 우엉 지름 2cm, 길이 20cm(40g)
- ☐ 냉동 유부 1장
- ☐ 판곤약 1/2봉(100g)
- ☐ 소금 약간
- ☐ 가쓰오부시 육수 2컵(340㎖, 23쪽,
  맛술 1큰술, 우스구치간장 1큰술,
  소금 1/3작은술을 합쳐 2컵 계량)

1

2

3

4

How to Cook

1 쌀은 씻어서 30분간 체에 밭쳐 물기를 뺀다.

······ 전기밥솥용 계량컵 기준 2컵이다. 일반 계량컵일 경우
1컵은 170㎖이다.

······ 쌀을 체에 밭쳐 불리면 쌀의 수분 흡수가 균일해져
밥을 지었을 때 고르게 익고 식감도 더 좋아진다.

2 당근, 표고버섯, 우엉은 채 썬다.

3 유부, 곤약은 채 썬 후 끓는 물에 각각 30초간
데쳐 찬물에 헹구고 체에 밭쳐 물기를 뺀다.

······ 곤약은 끓는 물에 데쳐야 특유의 냄새가 제거되고
양념도 잘 밴다.

4 닭다리살은 껍질, 지방을 제거하고 채 썬다.

5 끓는 물에 ④를 넣고 살짝 데친 후
소금(약간)으로 밑간을 한다.

6 냄비에 쌀과 육수를 넣는다.

······ 가쓰오부시 육수는 맛술, 간장, 소금을 합쳐
2컵(전기밥솥용 계량컵 기준 340㎖)을 계량한다.

7 ②, ③, ⑤를 올리고 뚜껑을 덮어 중간 불에서
끓어오르면 10~12분, 불을 끄고 20분간
뜸을 들인다.

······ 전기밥솥일 경우 백미취사모드로 밥을 짓는다.

채소 차돌박이솥밥

이 솥밥은 전통적인 솥밥이 아닌 이탈리아
식재료를 이용해 전통 방식에서 조금
변형했다. 채소와 토마토에서 물이 많이
나오기 때문에 밥 육수는 조금 적게 잡는
것이 좋다. 차돌박이 대신 불고기감을
사용해도 좋다.

 4인분 / 40분(+ 쌀 불리기 30분)

□ 쌀 2컵(320g)

□ 소고기 차돌박이 150g(또는 불고기용)

□ 양파 1/4개(50g)

□ 셀러리 15cm(30g)

□ 그린 올리브 5알 + 5알(씨 제거한 것)

□ 토마토 1개(200g)

□ 올리브유 1~2큰술

□ 소금 약간

□ 통후추 간 것 약간

□ 가쓰오부시 육수 약 1.7컵(290㎖, 23쪽,
　청주 2/3큰술, 우스구치간장 1큰술,
　소금 1/3작은술을 합쳐 1.7컵 계량)

How to Cook

1 쌀은 씻어서 30분간 체에 밭쳐 물기를 뺀다.
   전기밥솥용 계량컵 기준 2컵이다. 일반 계량컵일 경우
   1컵은 170㎖이다.
   쌀을 체에 밭쳐 불리면 쌀의 수분 흡수가 균일해져
   밥을 지었을 때 고르게 익고 식감도 더 좋아진다.

2 양파, 셀러리, 올리브(5알)는 굵게 다진다.

3 토마토 2/3개는 웨지 모양으로 썰고,
   1/3개는 다진다.

4 냄비에 올리브유를 두른 후 양파, 셀러리,
   올리브를 넣고 양파가 반투명해질 때까지
   중간 불에서 볶는다.

5 ③의 다진 토마토를 넣고 중간 불에서 3분간
   볶은 후 소금(약간), 후추로 간을 한다.

6 ⑤에 쌀, 육수, 양념을 넣어 섞은 후 뚜껑을 덮고
   중간 불에서 끓어오르면 10~12분간 끓인다.
   불을 끄고 20분간 뜸을 들인다.
   가쓰오부시 육수는 청주, 간장, 소금을 합쳐
   1.7컵(전기밥솥용 계량컵 기준 290㎖)을 계량한다.

7 팬에 차돌박이를 넣고 익을 때까지 중간 불에서
   굽는다.

8 밥이 다 되면 ③의 토마토 웨지, ⑦의 차돌박이,
   올리즈(5알)를 올린다.

멸치 땅콩솥밥

ちりめんとピーナッツの釜飯

잔멸치와 땅콩을 넣은 솥밥으로, 멸치는 밥지을 때 넣으면
식감이 너무 물렁해지기에 밥을 다 짓고 뜸을 들일 때 넣는다.
쪽파 대신 참나물이나 데친 나물을 올려도 좋다.

4인분 / 30분(+ 쌀 불리기 30분)

- 쌀 2컵(320g)
- 잔멸치 15g
- 볶은 땅콩 40g
- 송송 썬 쪽파 1큰술(또는 참나물)
- 가쓰오부시 육수 2컵
  (340㎖, 23쪽, 맛술 1작은술,
  청주 1작은술, 우스구치간장
  1.5작은술, 소금 1/3작은술을
  합쳐 2컵 계량)

How to Cook

1 땅콩은 껍질을 벗긴다. 쌀은 씻어서 30분간 체에 밭쳐 물기를 뺀다.
   ……… 전기밥솥용 계량컵 기준 2컵이다. 일반 계량컵일 경우 1컵은 170㎖이다.
   ……… 쌀을 체에 밭쳐 불리면 쌀의 수분 흡수가 균일해져 밥을 지었을 때 고르게 익고
   식감도 더 좋아진다.

2 냄비에 ①의 쌀과 육수, 땅콩을 넣고 섞은 후 뚜껑을 덮어
   중간 불에서 10~12분간 끓인다.
   ……… 가쓰오부시 육수는 맛술, 청주, 간장, 소금을 합쳐 2컵(전기밥솥용 계량컵 기준
   340㎖)을 계량한다.

3 불을 끄고 20분간 뜸을 들인다. 밥이 다 되면 멸치, 송송 썬 쪽파를
   올린다.

도미솥밥

鯛めし

하야시라이스

ハヤシライス

도미솥밥

도미솥밥은 일본어로 타이메시라고 하며,
타이(鯛)는 도미를 가리킨다. 도미와 쌀,
육수로 지은 솥밥이다. 생선은 생으로 밥을
짓기보다 구워서 넣어야 비린내도 적고
살도 덜 부서진다. 밥물용 육수는 양념을
포함해 쌀과 부피가 1:1이 되도록 맞추는
것이 솥밥의 기본이다.

 **4인분 / 50분(+ 쌀 불리기 30분)**

- [ ] 쌀 2컵(320g)
- [ ] 도미 필렛 400g
- [ ] 쪽파 5줄기(또는 참나물)
- [ ] 소금 약간
- [ ] 통후추 간 것 약간
- [ ] 식용유 1큰술
- [ ] 가쓰오부시 육수 2컵(340㎖, 23쪽,
  청주 1작은술, 우스구치간장 1.3큰술,
  소금 1/3작은술을 합쳐 2컵 계량)

How to Cook

1 쌀은 씻어서 30분간 체에 밭쳐 물기를 뺀다.

⋯⋯⋯ 전기밥솥용 계량컵 기준 2컵이다. 일반 계량컵일 경우
1컵은 170㎖이다.

⋯⋯⋯ 쌀을 체에 밭쳐 불리면 쌀의 수분 흡수가 균일해져
밥을 지었을 때 고르게 익고 식감도 더 좋아진다.

2 도미는 5cm 크기로 썬 후 소금(약간), 후추를
뿌려 10분간 둔다.

3 쪽파는 송송 썬다.

4 ②의 물기를 키친타월로 제거하고
달군 팬에 식용유를 두른 후 중간 불에서
앞뒤로 색이 날 정도까지 굽는다.

5 냄비에 쌀, 육수, 간장, 청주, 소금(1/3작은술)을
넣고 섞는다.

⋯⋯⋯ 가쓰오부시 육수는 청주, 간장, 소금을 합쳐
2컵(전기밥솥용 계량컵 기준 340㎖)을 계량한다.

6 ④의 도미를 올리고 뚜껑을 덮은 후 중간 불에서
10~12분간 끓인다.

⋯⋯⋯ 전기밥솥일 경우 백미취사모드로 밥을 짓는다.

7 불을 끄고 20분간 뜸을 들인 후 ③의 쪽파를
올린다.

하야시라이스

대표적인 일본식 서양 요리 중 하나로,
소고기, 양파, 버섯을 데미그라스소스,
토마토소스 등으로 끓인 서양식 스튜이다.
카레라이스와 함께 일본 가정식으로
매우 인기 있는 밥 요리. 닭 육수는 물에
치킨스톡을 풀어 사용해도 된다.

 **4인분 / 40분**

- ☐ 소고기 불고기용 300g
- ☐ 양파 2/3개(약 150g)
- ☐ 양송이버섯 8개
- ☐ 레드와인 1.5컵(300㎖)
- ☐ 토마토케첩 2큰술
- ☐ 우스터소스 1큰술
- ☐ 박력분 1.5큰술
- ☐ 다진 마늘 1큰술
- ☐ 우유 1/2컵(100㎖)
- ☐ 닭 육수 1.5컵(300㎖, 24쪽)
- ☐ 무염버터 20g
- ☐ 올리브유 2큰술
- ☐ 소금 약간
- ☐ 통후추 간 것 약간

1

2

3

How to Cook

1 소고기는 한입 크기로 썰고, 양파는 채 썬다.
버섯은 편 썬다.

2 팬에 소고기를 넣고 소금, 후추로 간을 한 후
중간 불에서 노릇하게 볶아 덜어둔다.

3 ②의 팬에 올리브유를 두르고 양파, 다진 마늘,
양송이 순으로 넣으면서 익을 때까지 중강 불에서
볶는다.

4 버터, 박력분을 넣고 3분간 볶은 후
레드와인을 넣고 와인이 자작해질 때까지
약한 불에서 조린다.

5 ②의 소고기를 넣고 섞은 후 토마토케첩,
우스터소스를 넣고 센 불에서 1분간 끓인다.

6 닭 육수, 우유를 넣고 중약 불에서
걸쭉해질 때까지 조린다. 소금, 후추로 간을 하고
그릇에 밥과 함께 담는다.

.... 닭 육수는 물 1컵(200㎖)에 치킨파우더 1작은술 또는
액상치킨스톡(하림) 1작은술의 비율로 대체 가능하다.

니쿠우동

肉うどん

소고기 조림을 올린 우동(うどん)으로 여기에 우엉튀김을 장식해서 멋을 냈다.
후쿠오카 출장 때마다 우엉튀김을 올린 우동을 즐겨 먹는데, 우동튀김을 새집처럼 둥글게
쌓아주기도 하고 길쭉하게 튀겨주기도 하는 등 가게마다 스타일이 제각각이다.
쿠킹 클래스 수업에서는 우엉튀김을 어떤 모양으로 올려줄까 고민하다가 종이 포일 위에
나뭇가지 모양으로 반죽을 올리고 기름에 배처럼 띄워 튀기니 의외로 예쁘게 만들어졌고
펭귄스튜디오의 시그니처 메뉴가 되었다. 우엉튀김은 반죽에 달걀 대신 마요네즈를 넣어
바삭함이 좀 더 오래가도록 만들었다.

 **4인분 / 40분**

- ☐ 냉동 사누키우동면 4개
- ☐ 우엉 지름 2cm, 길이 50cm
  (100g)
- ☐ 건미역 10g
- ☐ 대파(흰 부분) 1대
- ☐ 박력분 약간
- ☐ 튀김용 식용유 적당량

우동 육수

- ☐ 설탕 4작은술
- ☐ 맛술 약 3/4컵(160mℓ)
- ☐ 청주 4큰술(60mℓ)
- ☐ 간장 약 3/4컵(160mℓ)
- ☐ 소금 2.3작은술
- ☐ 국물용 멸치 15g
  (머리, 내장 제거한 것)
- ☐ 케즈리부시 35g
- ☐ 다시마 5×5cm 5장
- ☐ 물 7.5컵(1.5ℓ)

소고기 조림

- ☐ 소고기 불고기용 150g
- ☐ 설탕 1작은술
- ☐ 맛술 1큰술
- ☐ 청주 1큰술
- ☐ 간장 1큰술
- ☐ 물 1큰술

튀김 반죽

- ☐ 마요네즈 1큰술
- ☐ 박력분 1컵(100g)
- ☐ 찬물 3/4컵(150mℓ)

How to Cook

1 냄비에 우동 육수의 물(7.5컵), 다시마, 멸치를 넣고 불에 올려 약한 불에서
천천히 끓기 시작하면 다시마를 건지고 케즈리부시를 넣은 후 5~8분간
더 끓인다.

…… 케즈리부시는 가쓰오부시에 비해 더 진한 맛이 난다. 가쓰오부시(50g)를 넣을 경우
다시마를 건지고 불을 끈 후 가쓰오부시를 넣고 바닥에 가라앉을 때까지
최소 5분 이상 그대로 둔다.

2 ①을 체에 거른 후 6컵(1.2ℓ)을 계량하여 다시 냄비에 넣고 우동 육수의
설탕, 맛술, 청주, 간장, 소금을 넣어 중간 불에서 한소끔 끓인다.

…… 육수는 1인분에 1.5컵(300㎖)을 사용한다.

3 소고기는 한입 크기로 썰고, 우엉은 길이로 2등분한 후 어슷 썬다.
건미역은 물에 20분간 불린 후 한입 크기로 썬다. 대파는 송송 썬다.

4 냄비에 소고기 조림 재료를 모두 넣고 중약 불에서 끓어오르면 4분간 조린다.

5 종이 포일을 길게 자른 후 과정 ⑤의 사진처럼 중간중간 가위로 오려내
구멍을 만든다.

…… 우엉을 튀길 때 구멍 사이로 기름이 들어가면서 종이가 우엉 반죽과 분리된다.

6 비닐에 ③의 우엉, 박력분(약간)을 넣고 흔들어 골고루 묻힌다.

7 볼에 튀김 반죽 재료를 넣고 섞는다. ⑥의 우엉을 하나씩 담가 반죽을 입히고
⑤의 종이 위에 하나씩 어슷하게 올린다.

…… 반죽에 달걀 대신 마요네즈를 넣으면 바삭함이 좀 더 오래간다.

…… 물에 마요네즈를 한꺼번에 넣고 섞으면 잘 풀리지 않으므로 마요네즈에 물을
조금씩 넣어가며 푸는 것이 포인트이다.

8 170℃(튀김 반죽이 바닥까지 가라앉았다가 2초 후 바로 떠오르는 정도)로
예열한 기름에 종이째 넣고 3분간 튀긴다. 중간에 젓가락으로 종이를 눌러
우엉 반죽에서 떼어내고 종이는 건진다.

9 끓는 물에 우동면을 넣고 포장지에 적힌 시간대로 삶아 헹군 후 물기를 빼고
그릇에 담는다. 대파, 미역, ④의 고기 조림, ⑧의 우엉튀김을 올리고
②의 우동육수를 붓는다.

청귤냉우동

すだちうどん

붓카케우동

ぶっかけうどん

청귤냉우동

시원한 육수 국물 우동 위에 얇게 썬
스다치(すだち)라고 하는 영귤을 동그랗게
띄워내는 냉우동이다. 니쿠우동(106쪽)의
온우동용 육수에는 두꺼운 케즈리부시를
사용하였으나, 냉우동용 육수는 온우동용
육수보다 가볍게 내고자 가쓰오부시를
넣었다. 영귤 대신 여기서는 구하기 쉬운
청귤을 올렸다.

 4인분 / 40분

- ☐ 냉동 사누키우동면 4개
- ☐ 청귤 2개(또는 영귤)
- ☐ 무 간 것 4큰술
- ☐ 쪽파 4줄기

우동 육수

- ☐ 설탕 2작은술
- ☐ 맛술 2큰술
- ☐ 간장 3큰술
- ☐ 소금 2/3작은술
- ☐ 다시마 5×5cm 6장
- ☐ 국물용 멸치 20g(머리, 내장 제거한 것)
- ☐ 가쓰오부시 30g
- ☐ 물 7.5컵(1.5ℓ)

How to Cook

1 냄비에 우동 육수의 물, 다시마, 멸치를 넣고
약한 불에서 천천히 끓인다.

2 물이 끓기 시작하면 다시마를 건지고 그대로
10분간 끓인다.

3 ②에 가쓰오부시를 넣는다.

4 약한 불에서 1~2분간 가열하고 불을 끈 후
뚜껑을 덮고 약 5분간 육수를 우린다.

5 체에 밭쳐 육수를 거르고 6컵(1.2ℓ)을 계량하여
다시 냄비에 넣는다. 우동 육수의 설탕, 맛술,
간장, 소금을 넣고 중간 불에서 한소끔 끓인다.
실온에서 식으면 냉장실에서 차갑게 식힌다.
⋯⋯⋯ 육수는 1인분에 1.5컵(300㎖)을 사용한다.

6 청귤은 얇게 슬라이스하고, 무 간 것은 물기를
짠다. 쪽파는 송송 썬다.

7 끓는 물에 우동면을 넣고 포장지에 적힌 시간대로
삶아 찬물에 헹군 후 체에 밭쳐 물기를 빼고
그릇에 담는다. ⑥의 청귤 슬라이스, 무, 쪽파를
올리고 ⑤의 우동 육수를 붓는다.

붓카케우동

붓카케우동의 붓카케(ぶっかけ)는 끼얹다는
의미의 일본어로, 삶은 우동면 위에
쯔유(つゆ)를 끼얹어 비벼 먹는 우동이다.
일반적인 우동보다 쯔유를 짜게 준비한 후
자작하게 부어내는 것이 특징이다.
기호에 따라 반숙란이나 새우튀김, 마 간 것,
김채 등을 올려도 좋다.

 **4인분 / 20분**

- ☐ 냉동 사누키우동면 4인분
- ☐ 무 간 것 4큰술
- ☐ 쪽파 4줄기
- ☐ 통깨 4큰술
- ☐ 텐카스 4큰술(또는 새우튀김, 생략 가능)

우동 쯔유
- ☐ 쯔유 1/2컵(100㎖, 25쪽)
- ☐ 찬물 1.5컵(300㎖)

How to Cook

1 볼에 우동 쯔유 재료를 넣고 섞은 후
냉장실에서 차갑게 식힌다.
쯔유와 물은 1 : 3의 비율로 섞어 사용한다.

2 무는 강판에 갈아서 물기를 짜고,
쪽파는 송송 썬다.

3 깨는 절구 또는 푸드프로세서로 곱게 간다.

4 끓는 물에 우동면을 넣고 포장지에 적힌
시간대로 삶는다.

5 찬물에 헹군 후 체에 밭쳐 물기를 뺀다.
그릇에 우동면을 담고 무, 쪽파, 통깨 간 것,
텐카스를 올린 후 ①의 우동쯔유를 붓는다.
텐카스(天かす)는 튀김 부스러기로, 면 요리나
밥 요리의 토핑 재료로 많이 사용한다. 오코노미야키,
타코야키 등 반죽에도 넣어 바삭한 식감을 낼 수 있다.
온라인몰에서 구입 가능하다.

구운 고등어소바

焼き鯖そば

히야시추카
冷やし中華

구운 고등어소바

고등어를 구워 따뜻한 소바 위에 올려내는 요리이다. 고등어의 비린내를 없애는 것이 중요하기에 고등어 껍질 부분의 얇은 투명막을 벗겨내고 식초를 뿌려 잡내를 제거해야 한다.

 **4인분 / 40분**

- ☐ 소바면 320g
- ☐ 고등어 필렛 2쪽
- ☐ 식초 1큰술
- ☐ 소금 약간
- ☐ 송송 썬 대파 2대분
- ☐ 식용유 1큰술

육수

- ☐ 맛술 4큰술
- ☐ 청주 4큰술
- ☐ 우스구치간장 4큰술
- ☐ 유자 껍질 약간
- ☐ 가쓰오부시 육수 6컵(1.2ℓ, 23쪽)

How to Cook

1 고등어는 등뼈를 핀셋으로 제거하고
껍질의 투명막을 벗긴다.
.... 고등어의 투명막을 벗기면 비린내를 제거할 수 있다.

2 고등어를 3등분하고 소금을 뿌려 10분 이상 둔다.

3 고등어의 물기를 키친타월로 제거하고
식초를 껍질 부분에 뿌려 10분 정도 두었다가
다시 물기를 닦는다.
.... 식초를 뿌리면 비린내를 제거할 수 있다.
.... 식초를 뿌릴 때 되도록 살쪽은 식초가 닿지 않도록
채반에 올려 뿌리는 것이 좋다. 식초가 살쪽에 닿으면
변색이 되면서 살이 단단해진다(구운 고등어
초밥(138쪽) 과정 ③ 참고).

4 팬에 식용유를 두르고 고등어의 껍질 부분이
바닥을 향하도록 올린 후 중약 불에서 앞뒤로
노릇하게 굽는다.

5 냄비에 육수 재료를 넣고 중간 불에서
한소끔 끓인다.

6 끓는 물에 소바면을 넣고 포장지에 적힌 시간대로
삶아 찬물에 헹군 후 체에 밭쳐 물기를 뺀다.
그릇에 소바를 담고 ⑤의 육수를 부은 후
④의 고등어, 대파를 올린다.
.... 육수는 1인분에 1.5컵(300㎖)을 사용한다.

119

히야시추카

히야시(冷やし)는 차갑게 식히다,
추카(中華)는 중국식을 뜻하며, 중화냉면을
이르는 말이다. 일본에서는 여름이
오면 우리나라의 냉면처럼 가게 앞마다
'히야시추카 개시'라는 말로 여름이
온 것을 표현한다. 차슈를 올리거나
숙주 등의 채소를 데쳐 올려도 좋다.

 **4인분 / 30분**

- [ ] 냉동 중화면 4개
- [ ] 달걀 2개
- [ ] 오이 1개(200g)
- [ ] 샌드위치햄 4장
- [ ] 방울토마토 2개
- [ ] 게맛살 4개
- [ ] 소금 1/3작은술
- [ ] 식용유 약간

추카소스

- [ ] 설탕 약 4큰술(35g)
- [ ] 식초 4큰술(60㎖)
- [ ] 사과식초 1/2작은술(또는 다른 식초)
- [ ] 간장 1/2컵(100㎖)
- [ ] 다진 마늘 1/2작은술
- [ ] 다진 생강 1/2작은술
- [ ] 참기름 2/3큰술
- [ ] 닭 육수 3/4컵(150㎖, 24쪽)

1

2

3

4

How to Cook

1 냄비에 소스의 참기름을 제외한 나머지 재료를
모두 넣고 중간 불에서 한소끔 끓인다.

.... 닭 육수는 물 1컵(200㎖)에 치킨파우더 1작은술 또는
액상치킨스톡(하림) 1작은술의 비율로 대체 가능하다.

.... 사과 식초는 향을 더하기 위해 사용한다.
분량만큼 다른 식초로 대체 가능하다.

2 ①에 참기름을 넣고 냉장실에서 차갑게 식힌다.

3 볼에 달걀, 소금을 넣고 푼 후 달군 팬에
얇게 붓고 약한 불에서 지단을 부친다.

4 달걀지단은 6cm 길이, 1cm 폭으로 채 썬다.

5 오이, 게맛살, 샌드위치햄도 달걀지단과
동일한 길이와 두께로 채 썬다.

6 토마토는 웨지나 슬라이스 형태로 썬다.

7 끓는 물에 중화면을 넣고 포장지에 적힌 시간대로
삶아 찬물에 헹군 후 체에 밭쳐 물기를 뺀다.
그릇에 면을 담고 ④, ⑤, ⑥을 올린 후
①의 소스를 붓거나 다른 그릇에 담아 함께 낸다.

.... 소스는 1인분에 2/5컵(80㎖)을 사용한다.

마제소바

まぜそば

마제(まぜ)는 비빔, 소바(そば)는 국수를 뜻한다. 소바라고 하지만 라면의 일종으로 본다.
일본에서 세 번째로 큰 도시인 나고야(名古屋)가 본고장인 타이완 마제소바(湾まぜそば)가
가장 유명하고 한국까지 그 유행이 번졌다. 마제소바면을 따로 구매할 수 있으나
구매가 어렵다면 우동면으로 대체 가능하다. 짭짤한 맛이 강한 편이라 얇은 면보다
비교적 두꺼운 면이 알맞다.

 4인분 / 30분

☐ 마제소바면 500g
☐ 부추 약 1/2줌(20g)
☐ 대파(흰 부분) 1대
☐ 김채 약간
☐ 달걀노른자 4개분

대만식 고기볶음_약 2회분
☐ 다진 돼지고기 200g
☐ 설탕 1.5작은술
☐ 맛술 2큰술
☐ 청주 2큰술
☐ 간장 1.5작은술
☐ 두반장 1큰술
☐ 고춧가루 1큰술
☐ 다진 마늘 2큰술
☐ 식용유 2큰술

소스 *
☐ 설탕 1작은술
☐ 맛술 2큰술
☐ 간장 2큰술
☐ 혼다시 2작은술
☐ 치킨파우더 2작은술
☐ 다진 마늘 1/2작은술
☐ 물 2큰술

1인분 소스
☐ 소스 1큰술 *
☐ 면수 1/2큰술
☐ 통깨 간 것 1/2큰술
☐ 통후추 간 것 약간
☐ 현미유 1/2큰술
  (또는 향이 없는 다른 식용유)

1
2
3
4
5
6
7
8

How to Cook

1 팬에 식용유를 두른 후 다진 마늘을 넣고 중간 불에서 향이 날 때까지 볶는다.

2 ①에 다진 돼지고기를 넣고 중간 불에서 익을 때까지 볶은 후
두반장, 고춧가루를 넣고 볶는다.

3 대만식 고기볶음 나머지 재료를 모두 넣고 중간 불에서 자작해질 때까지
볶는다.

4 냄비에 소스 재료를 모두 넣고 중간 불에서 한소끔 끓인다.

5 부추는 0.5cm 길이로 송송 썰고, 대파는 잘게 다진다.

6 끓는 물에 마제소바면을 넣고 포장지에 적힌 시간대로 삶아 찬물에 헹군 후
체에 밭쳐 물기를 뺀다. 면수 4큰술은 1인분 소스용으로 따로 덜어둔다.

7 그릇에 1인분 소스 재료를 넣고 골고루 섞는다.

8 ⑥의 면을 넣고 고루 비빈 후 ③의 고기볶음, ⑤의 부추와 대파, 김채,
달걀노른자를 올린다.

.... 기호에 따라 다시마식초를 뿌려 먹어도 좋다. 다시마식초는 느끼한 맛을 잡아준다.

치라시스시
ちらし寿司

야키오니기리
焼きおにぎり

문어초무침
たこの酢の物

유부초밥
稲荷寿司

후토마키
太巻き&

도시락에 담긴
일본의 맛

한 그릇 요리가 하루의 속도에 맞춘 음식이라면, 도시락에 담긴 초밥은 조금 더 시간을 들여 준비한 상차림에 가깝습니다. 하지만 솔직히 말하면 일본 유학 시절의 저는 초밥을 자주 먹지는 못했어요. 먹더라도 대부분 회전초밥이었고, 슈퍼에서 파는 초밥들이 제가 아는 초밥의 전부였습니다. 그러다 요리학교 친구 집에 초대받아 갔을 때, 친구어머니가 손수 준비해주신 초밥을 마주했는데, 그 한 상 앞에서 저는 유난히 대접받는 기분이 들었습니다. 밖에서 사 먹던 초밥과는 전혀 다른 온도의 음식이었어요. 누가 먹을지를 생각하며 만든 초밥은 맛뿐 아니라 마음까지 함께 전해준다는 것을 그때 느꼈습니다.

초밥은 정해진 틀에 갇힌 음식이 아니라, 만드는 사람의 손길에 따라 다양한 얼굴을 가질 수 있어요. 치라시스시와 후토마키, 소바마키, 유부초밥은 그래서 더 애정이 가는 메뉴들입니다. 전문점처럼 화려한 재료를 갖추지 않아도, 복잡한 기술이 없어도 집에서 차분히 준비할 수 있고, 도시락에 담아도 어색하지 않아요. 밖에서 먹는 초밥이 한 점 한 점의 완성도를 보여주는 음식이라면, 가정에서 만드는 초밥은 누가 먹을지, 언제 먹을지를 먼저 떠올리게 됩니다. 여기서는 집에서 준비해 도시락에 담아낸 일본식 초밥과 같은 곁의 음식들을 소개합니다. 특별한 날이 아니어도, 부담 없이 꺼내 먹을 수 있는 초밥 이야기로.

치라시스시

ちらし寿司

치라시(ちらし)는 뿌리다, 스시(寿司)는 초밥이라는 뜻으로, 초밥 위에 재료를
흩뿌려 완성하는 요리이다. 일본에서는 치라시스시를 히나마츠리(ひなまつり)라고 하는
여자아이의 건강과 행복을 기원하는 전통 축제일이나 축하 행사, 집 초대 등 특별한 날
많이 먹기에 '축하 음식'의 이미지도 있다. 생선회, 달걀지단, 새우 등의 여러 재료를
색감 좋게 올리는 것이 포인트. 기호에 따라 연어알, 래디쉬 등을 더해도 좋다.

 4인분 / 50분(+ 생선회 숙성하기 7~8시간)

- ☐ 갓 지은 밥 4공기(약 800g)
- ☐ 냉동 참치 200g
- ☐ 대하 새우 12마리
- ☐ 아보카도 1개
- ☐ 무순 약간
- ☐ 김채 1줌

배합초

- ☐ 식초 3큰술(45mℓ)
- ☐ 설탕 약 4큰술(30g)
- ☐ 소금 1.5큰술(12g)

연근 초절임

- ☐ 연근 1/2개(150g, 껍질 벗긴 후 무게)
- ☐ 다시마 육수 1/2컵 (100mℓ, 24쪽)
- ☐ 설탕 2.5큰술
- ☐ 식초 4큰술(60mℓ)
- ☐ 소금 2/3작은술

달걀지단

- ☐ 달걀 3개
- ☐ 달걀노른자 2개분
- ☐ 소금 1/4작은술
- ☐ 식용유 약간

연어콘부지메

- ☐ 횟감용 연어 150g
- ☐ 다시마 2장 (연어를 덮을 정도의 크기)
- ☐ 청주 1큰술

How to Cook

1 냄비에 연근 초절임의 다시마 육수, 설탕, 식초, 소금을 넣고 중간 불에서
설탕이 녹을 정도까지 저어가며 끓인다.

2 연근은 0.5cm 두께로 썬 후 끓는 물에 넣고 1분간 데친다.

3 용기에 ①, ②를 넣고 실온에서 식힌 후 냉장 보관한다.
연근만 건져내 일부는 다지고(3큰술 분량) 일부는 적당한 크기로 썰어 토핑으로
사용한다.
‥‥‥‥ 연근 초절임은 2주 이상 냉장 보관 가능하다.

4 볼에 물 5컵, 소금 50g을 넣고 소금을 녹여 소금물을 만든다.

5 냉동 참치는 흐르는 물에 표면을 씻은 후 ④의 소금물에 넣고 3분간 해동한다.
‥‥‥‥ 참치는 적신(아카미)이라고 하는 기름기가 없는 붉은 부위 또는 중뱃살(주토로)을
사용한다.

6 참치를 해동지에 싸고 랩으로 감싸 냉장실에서 7~8시간 숙성한다.
‥‥‥‥ 해동지는 재료에서 나오는 수분을 흡수해 물러지는 것을 막기 때문에 식감이
더 쫄깃해지고, 핏물을 제거해 비린내도 줄어든다. 소고기의 핏물 제거에도 효과적이다.
‥‥‥‥ 해동지는 온라인몰에서 구입 가능하다.

7 연어콘부지메의 다시마는 청주를 적신 거즈로 닦는다.
‥‥‥‥ 다시마를 청주나 소주로 닦으면 알코올로 소독하는 효과를 낼 수 있다.
다시마가 깨끗하다면 이 과정은 생략해도 된다.

8 연어회는 다시마로 위아래를 감싼 후 랩을 씌워 7~8시간 냉장실에서 숙성한다.
‥‥‥‥ 다시마로 생선회를 감싸 숙성하면 감칠맛이 더해지고 수분을 적당히 흡수해
생선살이 단단해지면서 찰기가 생긴다. 다시마의 향도 은은하게 밴다.

9 새우는 꼬리를 제외하고 머리, 껍질, 내장을 제거한 후
끓는 물(5컵) + 청주(1큰술, 분량 외)에 새우를 넣고 1분간 데친다.

How to Cook

10 볼에 달걀지단의 달걀, 달걀노른자, 소금(1/4작은술)을 넣고 섞은 후
체에 내린다.
········ 달걀을 체에 내리면 알끈이 제거되어 매끈한 달걀지단을 만들 수 있다.

11 달군 팬에 식용유를 두르고 ⑩을 얇게 부은 후 약한 불에서 지단을 부친다.

12 ⑪의 달걀지단은 얇게 채 썬다. 아보카도는 반으로 갈라 껍질, 씨를 제거한 후
2~3cm 크기로 깍둑 썬다.

13 ⑥의 참치, ⑧의 연어, ⑨의 새우는 각각 2~3cm 크기로 깍둑 썬다.

14 냄비에 배합초의 모든 재료를 넣고 저어가며 설탕, 소금이 녹을 때까지
중간 불에서 저어가며 끓인 후 식힌다.

15 ⑭의 배합초를 갓 지은 밥 위에 주걱을 이용해 고루 뿌린다.
········ 치라시스시에 사용하는 밥은 쌀과 물을 1 : 0.9의 비율로 짓는다.
········ 밥 200g에 배합초 1큰술의 비율로 사용한다.
········ 밥이 뜨거울 때 배합초를 섞어야 속까지 잘 스며든다. 밥이 식었을 때 배합초를 섞으면
스며들지 않고 겉돌아 질척거린다.

16 주걱을 세워 배합초를 고루 섞는다.

17 부채나 선풍기를 이용해 재빨리 식힌 후 ③의 다진 연근 초절임(3큰술)을
넣고 섞는다.
········ 밥에 배합초를 넣고 빠르게 식히며 많이 섞지 않아야 한다.
········ 배합초를 섞을 때는 바닥이 넓은 그릇을 사용하는 것이 좋다. 일본에서는 편백나무로
만든 원형 나무 통을 많이 사용하는데, 밥의 수분을 적당히 흡수해 식감이 좋아지고
바닥이 넓어 밥이 빠르게 식는다.

18 ⑰을 그릇에 평평하게 편 후 달걀지단, 김채, 연어, 참치, 새우, 아보카도,
연근 초절임, 무순을 보기 좋게 올린다.
········ 달걀말이를 동그랗게 썰어서 토핑으로 올려도 예쁘다.

후토마키

太巻き

후토(太)는 두꺼운, 마키(巻き)는 말다라는 뜻으로, 다양한 재료를 가득 넣어
두껍게 만 김초밥이다. 입춘 전날에 열리는 세츠분(節分)은 계절이 바뀌는 시기를 맞아
액운을 쫓고 복을 기원하는 일본 전통 행사인데, 이날 볶은 콩을 뿌리며 악귀를 쫓는
의식인 마메마키(豆まき)를 하고, 에호마키(恵方巻き)라 불리는 후토마키를 먹는 것이
전통이다. 에호마키는 그 해의 길한 방향(恵方)을 바라보며 말을 하지 않고 먹어야 한다.
김은 김밥용보다 초밥용 김을 권한다. 두껍고 빳빳해야 속 재료가 많아도 찢어지지 않는다.

 **4인분 / 40분(+ 참치 숙성하기 7~8시간)**

□ 갓 지은 밥 3~4공기
　(약 600~800g)

□ 냉동 참치 100g

□ 횟감용 연어 100g

□ 오이 1/2개

□ 시소잎 10~12장

□ 게맛살 4개

□ 초밥용 김 4장

□ 생강 초절임 약간

배합초

□ 식초 3큰술(45mℓ)

□ 설탕 약 4큰술(30g)

□ 소금 1.5큰술(12g)

달걀말이

□ 달걀 3개

□ 소금 1/4작은술

□ 식용유 1작은술

자숙 새우

□ 대하 새우 8마리

박고지 조림

□ 설탕 2큰술

□ 맛술 2큰술

□ 청주 1.5큰술

□ 간장 2큰술

□ 박고지 20g

□ 가쓰오부시 육수 1컵
　(200mℓ, 23쪽)

입안을 리셋! 생강 초절임

얇게 썬 생강을 식초와 설탕에 절여
만드는 생강 초절임을 일본에서는
가리(ガリ)라고 부른다. 초밥, 튀김이나
우나기동처럼 기름진 음식 뒤에
생강 초절임을 먹으면 느끼함을 잡아줘
입안이 개운해지고 다음 음식의 맛을
또렷하게 느낄 수 있다. 또한 생선의
비린내를 없애고 식욕을 돋우기도 한다.

How to Cook

1 참치는 흐르는 물에 표면을 씻은 후 소금물에 3분간 해동한다. 해동지에 싸고
랩으로 감싸 냉장실에서 7~8시간 숙성한다.
······ 소금물은 물 5컵, 소금 50g의 비율로 만들어 사용한다.
······ 해동지는 수분을 흡수해 식감이 더 쫄깃해지고, 핏물을 제거해 비린내도 줄어든다.
······ 참치, 연어는 넉넉한 분량이다.

2 볼에 박고지, 찬물을 넣고 20분 정도 불린 후 소금 1작은술(분량 외)을 넣고
바락바락 씻는다.
······ 중국산 박고지는 소금으로 문질러 특유의 냄새를 없앤다. 국산 박고지는
소금으로 씻지 않아도 된다.

3 끓는 물에 ②를 넣고 중간 불에서 3분간 삶는다. 찬물에 헹구고 물기를 짠다.

4 냄비에 박고지 조림 양념을 모두 넣고 오토시부타(43쪽 참고)를 덮은 후
10분간 약한 불에서 끓인다. 오토시부타를 벗기고 중간 불로 올려 5분간
조린다.
······ 조림국물을 부어 함께 보관하고 4~5일 냉장 보관 가능하다.
······ 표고버섯을 함께 넣어 조려도 좋다.

5 새우는 껍질과 내장, 머리를 제거하고 꼬치를 꽂은 후
끓는 물(5컵) + 청주(1큰술, 분량 외)에 넣어 1분간 데친다.
······ 꼬치를 꽂아 동그랗게 말리는 것을 방지한다.
······ 자숙 새우 대신 새우튀김을 넣어도 좋다.

6 볼에 달걀, 소금을 넣어 풀고 식용유를 두른 팬에 넓게 편 후
동그랗게 말면서 중약 불에서 익힌다.

7 ①의 참치회, 연어는 김밥용 단무지 정도 두께로 길게 썬다.

8 오이는 채 썰고, 게맛살은 길이로 2등분한다.

9 김발 위에 김을 올리고 배합초를 섞은 밥을 끝부분 2cm를 남기고 얇게 편다.
시소잎, ④의 박고지 조림, ⑤의 새우, ⑥의 달걀말이, ⑦, ⑧을 올린다.
······ 배합초와 초밥용 밥 만드는 방법은 치라시스시(128쪽) 과정 ⑭~⑰를 참고한다.

10 바닥쪽 김발을 몸 반대 방향으로 당기면서 힘을 넣어 만다. 적당한 크기로 썰어
그릇에 담고 생강 초절임을 곁들인다.

구운 고등어초밥

焼き鯖寿司

구운 고등어를 야키사바(焼き鯖)라고 하며, 고등어를 구워 올린 초밥이다.
'고등어초밥'하면 보통 소금과 식초에 절인 고등어로 만든 시메사바(締め鯖)를 떠올리지만,
구이용 고등어로도 충분히 맛있는 초밥을 만들 수 있다. 조금 더 일상에 가까운
고등어초밥이다. 고등어는 특유의 비린내 제거를 위해 투명막을 제거하고 식초를 뿌려
사용하며, 초밥용 밥에도 비린내를 상쇄할 수 있도록 생강 초절임과 시소잎을 넣는다.

※ 시메사바는 고등어를 소금과 식초로 절여 만든 일본식 고등어 요리로 초밥 재료로 많이 사용한다.

 4인분 / 1시간

- [ ] 갓 지은 밥 3공기(약 600g)
- [ ] 고등어 필렛 4쪽
- [ ] 다진 생강 초절임 2큰술
- [ ] 다진 시오콘부 2큰술(생략 가능)
- [ ] 다진 시소잎 2큰술
- [ ] 식초 2큰술
- [ ] 통깨 2큰술
- [ ] 소금 약간
- [ ] 식용유 1큰술

배합초

- [ ] 설탕 약 4큰술(30g)
- [ ] 식초 3큰술(45㎖)
- [ ] 소금 1.5큰술(12g)

일본의 재료 이야기

일본의 국민 생선, 고등어

일본 조식에 빠지지 않는 메뉴가 바로 고등어구이다.
일본 주변 해역은 난류와 한류가 만나는 풍부한 어장으로,
고등어와 전갱이, 정어리 같은 등푸른생선이 많이 잡힌다.
이로 인해 등푸른생선은 일상적인 식재료로 자리 잡았고,
가격이 비교적 저렴해 서민 식탁에 자주 오른다.
특히 감칠맛이 풍부한 고등어는 구이, 조림, 초절임 등
다양한 요리에 잘 어울리며, 간장, 맛술, 식초 같은
일본식 조미료와의 궁합도 뛰어나다. 또한 절임이나
건어물 등으로 가공하기에도 좋아 활용도가 아주 높다.

How to Cook

1 고등어 껍질의 투명막을 벗긴다.
········ 고등어 껍질의 투명막을 벗기면 비린내를 제거할 수 있다.

2 고등어의 잔가시를 제거한 후 앞뒤로 소금을 뿌려 10분 정도 둔다.

3 고등어의 물기를 키친타월로 제거하고 껍질에 식초를 뿌려 10분 정도
   두었다가 다시 물기를 닦는다.
········ 식초를 뿌리면 비린내를 제거할 수 있다.
········ 식초를 뿌릴 때 되도록 살쪽은 식초가 닿지 않도록 채반에 올려 뿌리는 것이 좋다.
   식초가 살쪽에 닿으면 변색이 되면서 살이 단단해진다.

4 팬(또는 그릴)에 식용유를 살짝 두른 후 껍질 부분이 바닥을 향하게 올려
   약한 불에서 앞뒤로 노릇하게 천천히 굽는다.
········ 센 불에서 구우면 고등어의 살이 말려서 초밥을 쌀 때 모양잡기가 어렵다.

5 갓 지은 밥에 배합초를 넣고 주걱을 세워 섞은 후 한 김 식으면
   다진 생강 초절임, 다진 시오콘부, 다진 시소잎, 통깨를 넣고 섞는다.
········ 배합초와 초밥용 밥 만드는 방법은 치라시스시(128쪽) 과정 ⑭~⑰를 참고한다.
········ 밥 200g에 배합초 1큰술의 비율로 사용한다.

6 김발에 랩을 깔고 고등어 껍질 부분이 바닥을 향하게 올린다.

7 고등어 위에 ⑤의 밥을 올리고 김발로 싼다.

8 김발 양끝을 고무줄로 묶고 밥의 모양이 고정될 때까지 30분 정도 둔다.

9 랩으로 감싼 채로 썰고 랩을 벗긴 후 고등어가 위를 향하게 그릇에 올린다.
········ 채 썬 시소잎을 고등어 위에 올려도 좋다.

소바마키

そば巻き

메밀과 메밀로 만든 국수를 소바(蕎麦, そば)라고 하며 마키(巻き)는 말다라는 뜻으로,
메밀면을 배합초로 양념해 각종 재료를 넣고 만 초밥이다. 메밀의 담백한 맛이
밥으로 만 초밥과는 또 다른 별미이다. 메밀면을 김 위에 가지런히 놓기 위해 면을 실로
묶어 삶고, 메밀면에 배합초를 넣고 김으로 말면 습해질 수 있으므로 기름을 두르지 않은
팬에 구워 습기를 제거하는 것이 소바마키를 잘 만드는 요령이다.

4인분 / 30분

- [ ] 메밀면 200g
- [ ] 오이 1개
- [ ] 게맛살 2개
- [ ] 배합초 2큰술 *
- [ ] 초밥용 김 3장
- [ ] 와사비 약간
- [ ] 간장 약간

배합초 *

- [ ] 설탕 4작은술
- [ ] 식초 1/5컵(40㎖)
- [ ] 소금 2작은술

달걀말이

- [ ] 달걀 4개
- [ ] 설탕 1작은술
- [ ] 우스구치간장 1/3작은술
- [ ] 소금 3꼬집
- [ ] 가쓰오부시 육수 1/4컵(50㎖, 23쪽)
- [ ] 식용유 1큰술

일본의 재료 이야기

향을 먹는 면, 소바

일본 요리에서 소바는 단순한 면 요리를 넘어, 재료와
조리법, 식문화까지 함께 이해해야 하는 음식이며, 메밀의
향을 중심으로 즐기는 음식이다. 소바면을 쯔유에 찍어
차갑게 먹는 자루소바(ざるそば)와 따뜻한 국물에 담가
먹는 카케소바(かけそば)가 대표적이며, 텐푸라를 올린
텐푸라소바, 청어를 올린 니신소바 등 다양한 형태로 즐긴다.
소바는 메밀의 비율(10%, 50%, 100%)에 따라 향과 식감,
색과 질감이 크게 달라지고, 산지와 제분 방식에 따라서도
맛의 차이가 생긴다. 또한 삶는 시간과 물의 양, 헹굼 방식에
따라 식감이 완전히 달라지는 섬세한 음식이다.
한편 소바는 에도 시대를 대표하는 외식 음식으로 '빠르게
먹는 음식'이라는 문화와 함께 발전해왔으며, 연말에는
한 해를 마무리하며 먹는 '한 해를 넘긴다'는 의미의
토시코시소바(年越しそば) 풍습으로도 이어지고 있다.

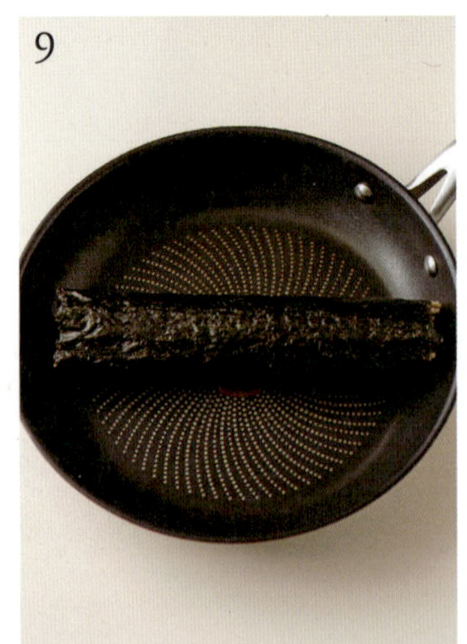

How to Cook

1   냄비에 배합초 재료를 넣고 설탕이 녹을 때까지 중간 불에서
저어가며 끓인다.

2   볼에 달걀을 넣고 알끈이 없어지도록 충분히 푼 후 달걀말이의 나머지 재료를
넣고 섞는다. 팬에 식용유를 두르고 뜨겁게 달군 후 중간 불을 유지하면서
달걀물을 부어 길이로 길게 만다. 이 과정을 한 번 더 반복한다.
.... 달걀말이를 두껍게 말아 길이로 길게 잘라 사용해도 된다.
.... 김발로 감싸 모양을 잡으면서 식혀도 된다.

3   메밀면은 50g씩 나눠 끝부분에 실로 묶은 후 끓는 물에 실로 묶은 끝부분만
넣고 1분간 삶는다. 면 전체를 넣고 포장지에 적힌 시간만큼 삶은 후
찬물에 헹구고 물기를 짠다.
.... 실로 묶은 부분을 먼저 삶으면 부풀어 오르기 때문에 묶은 부분이 헐거워져 국수면이
빠지는 것을 방지한다.
.... 국수를 전부 넣은 후 묶은 부분 근처가 한 덩어리가 되지 않게 젓가락으로 잘 풀면서
삶는다.

4   ③의 메밀면에 ①의 배합초를 넣고 버무린다.
.... 메밀면 100g에 배합초 1큰술의 비율로 섞는다.

5   체에 받쳐 물기를 제거한다.

6   오이는 씨를 제거하고 길이로 길게 썬다. 게맛살도 길이로 길게 썬다.

7   김발에 김을 올리고 ⑤의 메밀면을 골고루 편 후 실로 묶은 끝부분을 가위로
자른다.

8   ⑦ 위에 ②의 달걀말이, ⑥의 오이와 게맛살을 올리고 김발을 이용해
단단하게 만다.

9   기름을 두르지 않은 팬을 달군 후 ⑧을 올리고 중약 불에서 김이 마를 때까지
굴려가면서 구워 습기를 제거한다. 적당한 두께로 썰어 그릇에 담고 와사비,
간장을 곁들인다.

야키오니기리
焼きおにぎり

새우튀김 오니기리

海老天おにぎり

야키오니기리

야키(焼き)는 굽다, 오니기리(おにぎり)는 손으로 쥐어만든 주먹밥을 뜻하며,
밥에 간장 양념을 발라 구운, 겉은 바삭하고 속은 부드러운 주먹밥이다.
간장 양념을 바르기 전 충분히 구운 후 양념을 발라 다시 구워야 타지 않는다.

 4인분 / 10분

- ☐ 따뜻한 밥 2.5공기(약 480g)
- ☐ 맛술 1작은술
- ☐ 간장 1작은술
- ☐ 다진 시오콘부 2작은술
- ☐ 시로다시 4작은술
- ☐ 참기름 1작은술
- ☐ 식용유 1큰술

How to Cook

1 작은 볼에 맛술, 간장을 넣고 섞는다.

2 볼에 따뜻한 밥, 다진 시오콘부, 시로다시를 넣고 섞는다.
········ 시로다시는 쯔유처럼 희석해 사용하는 일본식 조미 육수로 밝은색을 띤다.
밥에 간을 맞추거나 국이나 달걀찜 등에도 사용할 수 있다.

3 손으로 꾹꾹 누르면서 삼각형 모양으로 빚는다.
········ 삼각김밥 틀을 이용해도 된다.

4 팬에 식용유, 참기름을 두르고 중간 불에서
③을 앞뒤로 노릇하게 구운 후 ①을 붓으로 발라가며 굽는다.
········ 간장 양념을 바르기 전 충분히 구운 후 양념을 발라 다시 구워야 타지 않는다.

새우튀김 오니기리

새우튀김을 넣어 만든 주먹밥이다. 새우튀김은 눅눅해지기 쉬우므로
밥을 준비하고 새우를 튀긴 후 쯔유를 발라 바로 주먹밥을 만든다.
쯔유와 튀김용 반죽은 비교적 넉넉하게 준비했으므로 전부 다 사용할 필요는 없다.

4인분 / 10분

□ 따뜻한 밥
　2.5공기(약 480g)

□ 대하 새우 4마리

□ 소금 1/3작은술

□ 박력분 약간

□ 삼각김밥용 김 4장

□ 튀김용 식용유
　적당량

튀김 쯔유_약 20회분

□ 맛술 1큰술

□ 청주 1큰술

□ 간장 2큰술

□ 가쓰오부시 육수 2큰술(23쪽)

튀김 반죽_2회분

□ 박력분 약 10큰술(80g)

□ 달걀 1개

□ 찬물 약 2/3컵(130㎖)

How to Cook

1 냄비에 튀김 쯔유 재료를 모두 넣고
약한 불에서 2~3분간 끓인다.

2 볼에 따뜻한 밥, 소금을 넣고 섞은 후 식힌다.
다른 볼에 찬물, 달걀을 넣어 잘 푼 후 박력분을
3회에 걸쳐 나눠 넣고 가볍게 섞는다.

3 새우는 손질한 후 박력분(약간), ②의 튀김 반죽 순으로
묻히고 170℃ 기름에 넣어 중간 불에서 2~3분간
바삭하게 튀긴다. ①의 튀김 쯔유를 가볍게 바른다.

‥‥‥‥ 새우 손질법은 에비후라이(174쪽) 과정 ①~④를 참고한다.

‥‥‥‥ 남은 튀김 쯔유는 2주 정도 냉장 보관 가능하다.

4 ②의 밥에 새우튀김을 넣고 삼각형으로 모양을
잡은 후 삼각김밥용 김으로 감싼다.

간장맛 유부초밥

稲荷寿司

소금맛 유부초밥

塩味稲荷寿司

간장맛 유부초밥 · 소금맛 유부초밥

간장맛 유부초밥(稲荷寿司)은 우리가 흔히
먹는, 가장 기본이 되는 간장 베이스의
달짝지근한 맛이고, 소금맛 유부초밥은
소금으로 간을 해서 담백하게 만든다.
조릴 때 유부를 되도록 겹치지 않게 해야
양념이 골고루 잘 밴다.

 35개 기준 / 1시간

간장맛 유부조림

☐ 냉동 유부 20장

☐ 설탕 5큰술

☐ 맛술 1큰술

☐ 간장 3큰술

☐ 가쓰오부시 육수 약 1.9컵(375㎖, 23쪽)

소금맛 유부조림

☐ 냉동 유부 15장

☐ 설탕 1작은술

☐ 맛술 4작은술

☐ 소금 2/3작은술

☐ 가쓰오부시 육수 2컵(400㎖, 23쪽)

유부초밥용 밥_35개 분량

☐ 갓 지은 밥 6공기(약 1.2kg)

☐ 배합초 6큰술(128쪽 참고)

☐ 다진 시오콘부(생략 가능), 다진 우메보시,
　 다진 생강 초절임 각 1큰술씩

☐ 통깨 약간

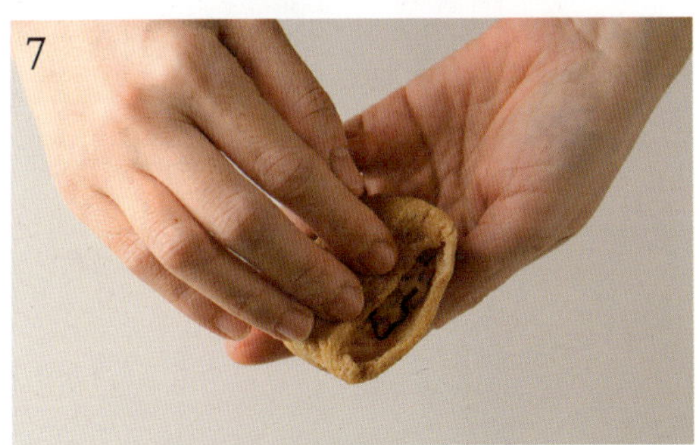

How to Cook

1 유부는 밀대로 민다.

······ 데치기 전 밀대로 밀면 유부 속이 잘 벌어진다.

2 유부 끝부분을 가위로 살짝 자른다.

3 끓는 물에 ②를 넣고 30초~1분간 데친 후 물기를 짜고 밥을 넣을 수 있도록 손으로 속을 뜬다.

4 바닥이 넓은 냄비에 간장맛 유부초밥 재료를 넣고 오토시부타(43쪽 참고)를 올려 끓기 시작하면 중약 불에서 15분간 조린다. 중간에 한번 위아래를 뒤집는다. 유부에 간장맛이 잘 배도록 냄비째 그대로 식힌다.

······ 냄비에 유부를 되도록 겹치지 않게 넣어야 양념이 골고루 잘 밴다.

5 바닥이 넓은 다른 냄비에 소금맛 유부조림 재료를 모두 넣고 오토시부타를 올려 끓기 시작하면 중약 불에서 10분간 조린다.

6 뜨거운 밥에 배합초를 넣고 섞으면서 빠르게 식힌 후 다진 시오콘부, 다진 우메보시, 다진 생강 초절임, 통깨를 넣고 섞는다.

······ 배합초와 초밥용 밥 만드는 방법은 치라시스시(128쪽) 과정 ⑭~⑰를 참고한다.

······ 밥 200g에 배합초 1큰술의 비율로 사용한다.

······ 채 썬 시소잎을 넣어도 좋다.

7 ④, ⑤에 ⑥의 밥을 넣고 채운다.

8 달군 팬에 ⑦의 소금맛 유부초밥을 올리고 식용유(1작은술, 분량 외)를 두른 후 중간 불에서 앞뒤로 색이 날 때까지 살짝 굽는다.

······ 소금맛 유부초밥에 변화를 주기 위해 한 번 구웠지만, 굽지 않아도 무방하다.

문어초무침 · 교쿠

たこの酢の物・ぎょく

전복술찜

鮑の酒蒸し

문어초무침

문어(たこ, 타코)와 오이, 미역 등을 재료로 한
일본식 초무침(酢の物, 스노모노)이다. 오마카세
코스에서 자주 만나는 익숙한 메뉴로,
초밥 사이사이에 입안을 정리해주는 역할을
한다. 문어를 삶을 때 무는 연육작용, 청주는
잡내 제거, 식초는 색을 선명하게 한다.
오이나 미역 외에 다른 해초나 채소로
대체해도 좋다. 토사즈(土左酢)는 가쓰오부시
풍미의 식초소스로, 토사(土左)는 가쓰오부시
산지인 고치현(土佐) 지역을 뜻한다.

 **4인분 / 20분**

- ☐ 문어 약 1/2마리(200g)
- ☐ 오이 1개
- ☐ 무 지름 10cm, 두께 0.5cm(50g)
- ☐ 건미역 10g
- ☐ 청주 2큰술
- ☐ 식초 1큰술

토사즈

- ☐ 설탕 1작은술
- ☐ 맛술 4작은술(20㎖)
- ☐ 식초 약 2.5큰술(40㎖)
- ☐ 간장 4작은술(20㎖)
- ☐ 가쓰오부시 1g
- ☐ 물 4큰술(60㎖)

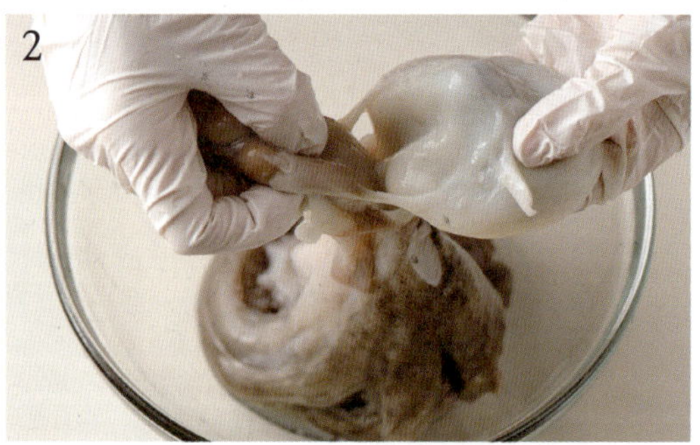

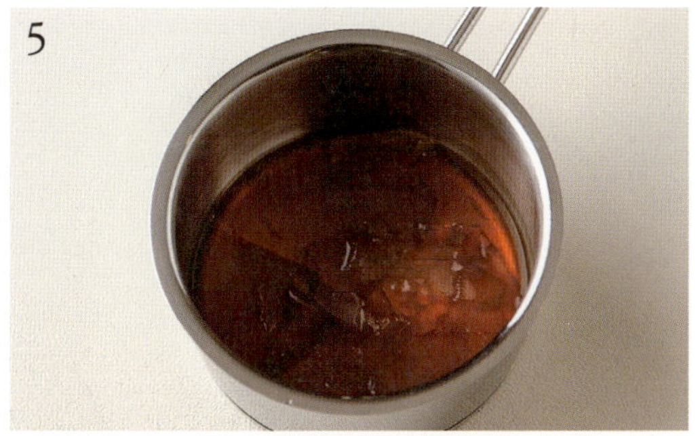

How to Cook

1 문어의 눈, 입을 가위로 제거한다.

여기서는 문어 손질하는 것을 보여주기 위해 통째로
사용했지만 문어 1마리당 무게는 보통 500g~2kg까지
다양하다.

2 문어의 머리를 뒤집어 내장을 제거한다.

3 볼에 문어, 소금 약간(분량 외)을 넣고 바락바락
문지른 후 흐르는 물에 깨끗하게 헹군다.

4 냄비에 물을 충분히 넣고 끓어오르면
무, 청주, 식초를 넣은 후 문어의 다리부터 넣어
중간 불에서 10분간 삶는다.

무는 연육작용, 청주는 잡내 제거, 식초는 색을
선명하게 한다.

문어 무게에 따라 삶는 시간이 달라진다. 500g까지는
5분 정도, 1kg 문어라면 10분 정도 삶아야 한다.

5 냄비에 토사즈 재료를 모두 넣고 중간 불에서
한소끔 끓인 후 식힌다.

6 문어 다리를 얇게 저민다.

7 오이는 젓가락 위에 올려 젓가락 높이만큼
끝부분을 남긴 채 얇게 썬다.

8 볼에 ⑦의 오이, 물(1컵) + 소금(1작은술, 분량
외)을 넣고 10분간 절인 후 물기를 짠다. 미역은
물에 20분간 불린 후 한입 크기로 썬다. 그릇에
문어, 오이, 미역을 담고 토사즈를 끼얹는다.

고쿠

생선살이나 새우살을 갈아 달걀을 넣고
카스텔라처럼 만든 요리이다.
일반 달걀말이보다 단맛이 있고 폭신한
게 특징인데, 보통 초밥집 마지막 코스에
나오는 경우가 많아 '초밥집의 디저트'라고
불리기도 한다. 팬을 연기가 날 정도로
뜨겁게 달군 후 기름을 팬 바닥뿐만 아니라
옆면까지 골고루 발라야 색도 잘 나고
틀에서 잘 떨어진다. 반죽을 넣은 후에는
오븐에 넣기 전 바닥에 몇 번 내리쳐
기포를 빼야 한다.

 4인분 / 90분

- ☐ 생새우살 200g
- ☐ 달걀노른자 6개분
- ☐ 마 약 1/5개(50g)
- ☐ 맛술 2/5컵(80㎖)
- ☐ 소금 1~2꼬집
- ☐ 식용유 약간

머랭

- ☐ 달걀흰자 3개분
- ☐ 설탕 약 1/2컵(80g)

4

5

6

How to Cook

1 달걀흰자, 설탕, 식용유를 제외한 나머지 재료를 믹서에 넣고 곱게 간다.

2 볼에 달걀흰자를 넣고 설탕을 2~3회에 나눠 넣으면서 핸드믹서를 이용해 머랭을 단단하게 올린다.

3 ①에 ②를 2~3회에 나누어 넣고 머랭이 꺼지지 않도록 부드럽게 섞는다.

4 팬 안쪽에 식용유를 골고루 바른 후 중강 불에서 뜨겁게 달군다.

······· 팬을 연기가 날 정도로 뜨겁게 달군 후 기름을 팬 바닥뿐만 아니라 옆면까지 골고루 발라야 색도 잘 나고 틀에서 잘 떨어진다.

······· 팬은 오븐과 가스레인지(또는 인덕션)에 모두 사용 가능해야 한다.

······· 팬이 없다면 오븐용 용기를 사용해도 된다. 반죽을 붓기 전 200℃로 예열한 오븐에 넣고 용기를 데운 후 식용유를 발라 사용한다.

5 팬에 ③을 붓고 바닥에 몇 번 내리쳐 기포를 뺀다.

6 130℃로 예열한 오븐에 넣고 70분간 굽는다. 완전히 식힌 후 팬에서 꺼내 썬다.

전복술찜

전복(鮑, 아와비)에 청주를 부어 쪄낸 요리이다.
초밥집의 오마카세 코스에 가면 자주
나오는데, 가난한 유학생에게 오마카세는
꿈같은 이야기였으니 일본에 살 때는
한 번도 먹어보지 못한 요리였다.
한국에 돌아와 초밥집에서 처음 먹은
전복술찜은 충격이었다. 너무 부드럽고
고소했기 때문이다. 시간과 불 세기만
잘 지키면 의외로 만들기가 까다롭지
않으니 꼭 한번 도전해보자.

 **4인분 / 80분**

☐ 전복 4마리
   (마리당 100g 내외)

☐ 청주 4큰술

☐ 다시마 1장
   (전복을 덮을 정도의 크기)

1

2

3

How to Cook

1 전복은 솔로 깨끗하게 닦는다.

2 용기에 전복을 올리고 청주를 뿌린 후 다시마를
덮고 랩을 씌운다.

⋯⋯⋯ 다시마를 덮어찌면 촉촉하면서도 감칠맛이 더해진다.

3 김 오른 찜기에 용기 그대로 넣고 뚜껑을 덮어
약한 불에서 1시간 동안 찐다.

⋯⋯⋯ 전복 크기가 100g 이상으로 클 경우 2시간 정도
쪄야 한다.

⋯⋯⋯ 전복은 약한 불에서 오래 쪄야 식감이 부드럽다.

4 숟가락을 이용해 전복껍질에서 전복살을
떼어낸다.

5 내장과 입을 제거한 후 한입 크기로 썬다.
전복껍질이나 그릇에 올린다.

⋯⋯⋯ 폰즈(25쪽)나 소금, 레몬즙을 곁들이면 좋다.

텐푸라
天ぷら

카키후라이
カキフライ

새우크림 고로케
海老クリームコロッケ

고로케
コロッケ

꼭 배우고 싶었던
일식 튀김 노하우

일본 요리를 배우며 언젠가는 제대로 익히고 싶다고 마음먹었던 것이 튀김이었습니다. 하지만 그때의 저는 튀김이라면 으레 두툼하고 바삭한 튀김옷부터 떠올리곤 했어요. 요리학교에 다니던 시절, 동경 신주쿠(新宿)에 있는 작은 튀김 오마카세 가게를 찾은 적이 있었어요. 눈앞에서 텐푸라를 만들어 주시던 셰프가 "텐푸라는 튀김옷을 먹는 요리가 아니라, 재료를 가볍게 감싸 먹는 요리"라고 하시더군요. 그리고 "튀김은 사실 찜요리에 가깝다. 뜨거운 기름 속에서 재료가 순간적으로 밀폐되며 내부의 수분이 수증기로 바뀌어 스스로를 익히기 때문에, 겉은 가볍고 속은 촉촉한 상태가 만들어진다"는 뜻밖의 말도 덧붙이셨습니다. 그날 이후 튀김을 바라보는 기준이 조금 달라졌어요. '텐푸라는 튀김옷을 입혔다는 사실이 느껴지지 않도록 만드는 요리'라고요. 반죽은 최소한으로, 기름은 재료를 스쳐 지나가며 목적은 바삭함 그 자체보다 재료가 지닌 결을 온전히 살리는 데 있다고. 반면 고로케나 멘치카츠, 에비후라이, 카키후라이 같은 일본풍 양식 튀김은 전혀 다른 얼굴을 하고 있습니다. 속을 단단히 만들고 튀김옷과 기름을 충분히 사용해 식감의 대비를 즐기는 요리이기 때문이지요. 같은 튀김이지만 접근 방식과 기준은 이렇게 분명히 다릅니다. 여기서는 일본 전통 튀김인 텐푸라와 일본풍 양식으로 자리 잡은 여러 튀김들을 함께 다루며, 각각의 튀김이 요구하는 기본과 노하우를 집에서도 적용할 수 있는 방식으로 정리해보려 합니다. 튀김을 어려운 요리가 아니라, 이해하면 한결 편해지는 요리로 바라보면서.

감자고로케

コロッケ

고로케(コロッケ)는 서양의 크로켓(Croquettte)이 일본에 들어오면서 일본식 발음으로
변형된 것이다. 감자와 소고기를 주재료로 만들며, 집밥이나 도시락 반찬으로
매우 친숙한 음식이다. 일본 슈퍼마켓이나 백화점 식품 코너에 가면 갓 튀긴 고로케가
먹음직스럽게 진열되어 있는 것을 쉽게 볼 수 있다. 여담이지만 일본 냉동식품협회에서는
냉동 고로케 소비를 늘리기 위해 매달 6일을 '고로케의 날'로 정해 할인 행사를 하는
경우가 많다. 고로케는 감자를 삶고 수분을 잘 날리는 것이 맛있게 만드는 포인트이다.

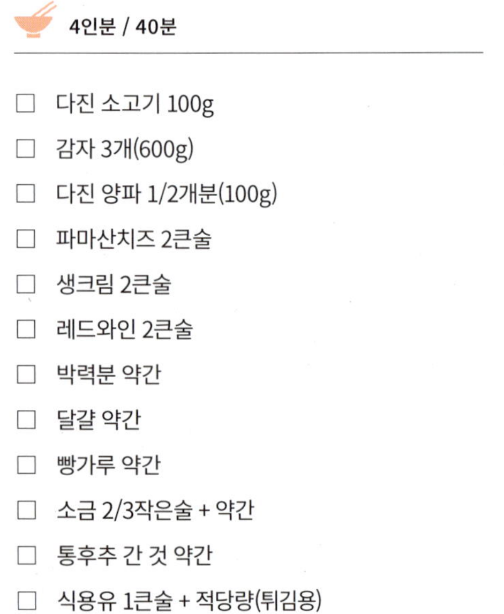

4인분 / 40분

- ☐ 다진 소고기 100g
- ☐ 감자 3개(600g)
- ☐ 다진 양파 1/2개분(100g)
- ☐ 파마산치즈 2큰술
- ☐ 생크림 2큰술
- ☐ 레드와인 2큰술
- ☐ 박력분 약간
- ☐ 달걀 약간
- ☐ 빵가루 약간
- ☐ 소금 2/3작은술 + 약간
- ☐ 통후추 간 것 약간
- ☐ 식용유 1큰술 + 적당량(튀김용)

요쇼쿠 소울푸드, 고로케

요쇼쿠(洋食)는 서양 요리가 일본식으로 변형된 음식 문화를
의미하는데, 고로케는 카레라이스, 오므라이스, 돈가스와
함께 대표적인 요쇼쿠 메뉴이다. 특히 부담 없이 즐길 수 있는
저렴한 가격과 익숙한 맛 덕분에 일본 사람들의 소울푸드로
자리 잡았다.
고로케는 으깬 감자에 고기나 채소를 섞어 튀긴 기본 형태가
가장 흔하며, 크림소스를 넣은 크림고로케, 카레를 넣은
카레고로케, 호박이나 옥수수 등을 넣은 변형 고로케 등
종류도 다양하다. 지역이나 가게에 따라 개성 있는 재료를
더해 각기 다른 맛을 즐길 수 있는 것도 매력이다.
보통은 그대로 먹거나 돈가스소스, 우스타소스를 곁들이며,
토마토케첩이나 마요네즈를 찍어 먹기도 한다. 바삭한
튀김옷과 부드러운 속의 대비, 그리고 누구에게나 익숙한
맛이 어우러져 일상 속에서 꾸준히 사랑받는 메뉴이다.

How to Cook

1 냄비에 물, 감자를 넣고 중간 불에서 이쑤시개로 찔렀을 때 잘 들어갈 만큼 푹 삶은 후 남은 물을 버리고 중간 불에서 감자를 굴려가며 수분을 완전히 날린다.
.... 감자는 껍질째 삶으면 맛이 덜 빠져나가고 수분 흡수가 적어 식감이 포슬하고 감자 맛이 진하게 난다.

2 감자의 껍질을 벗기고 볼에 넣어 감자매셔나 포크로 으깬 후 파마산치즈, 생크림, 소금(2/3작은술)을 넣고 섞는다.
.... 감자는 뜨거울 때 으깨야 덩어리 없이 부드럽게 으깨지고 양념도 잘 스며든다.

3 팬에 식용유(1큰술)를 두르고 다진 양파를 넣은 후 중간 불에서 투명해질 때까지 볶는다.

4 다진 소고기를 넣고 중간 불에서 익을 때까지 볶은 후 레드와인을 넣고 센 불로 올려 알코올을 날린다. 소금(약간), 후추로 간을 한다.
.... 레드와인은 잡내를 없애고 은은한 향을 더해준다.

5 ②, ④를 섞어 용기에 펼치고 랩을 밀착시켜 씌운 후 냉장실에서 차갑게 식힌다.

6 동그랗게 모양을 빚은 후 박력분을 얇게 입힌다.

7 달걀 → 빵가루 순으로 튀김옷을 입힌다.

8 170℃(튀김 반죽이 바닥까지 가라앉았다가 2초 후 바로 떠오르는 정도)로 예열한 식용유에 넣고 노릇하게 튀긴다.
.... 재료가 이미 다 익은 상태이기 때문에 노릇하게 색이 날 정도까지만 튀긴다.

새우크림 고로케
海老クリームコロッケ

멘치카츠
メンチカツ

새우크림 고로케

크림고로케는 화이트소스(베샤멜소스)에
새우, 게살 등의 해산물이나 고기를 섞어
빵가루를 입혀 튀긴 일본식 크로켓이다.
화이트소스로 만들어 일반 감자고로케보다
속이 크리미하고 부드러운 질감이
특징이다. 화이트소스는 걸쭉할 때까지
끓여야 반죽 모양을 잡기 쉽다. 또한
튀김옷을 입히고 짧게 튀겨야 터지지
않는다.

12개 / 1시간

- [ ] 생새우살 100g
- [ ] 베이컨 약 2줄(30g)
- [ ] 양파 약 1/4개(40g)
- [ ] 박력분 약간
- [ ] 달걀 약간
- [ ] 빵가루 약간
- [ ] 통후추 간 것 약간
- [ ] 소금 약간
- [ ] 시판 타르타르소스 약간
- [ ] 식용유 2작은술 + 적당량(튀김용)

화이트소스

- [ ] 박력분 25g
- [ ] 우유 225㎖
- [ ] 소금 1/3작은술
- [ ] 무염버터 25g

How to Cook

1 새우살, 베이컨, 양파는 다진다.

2 냄비에 버터를 넣고 중약 불에서 녹인 후 박력분(25g)을 넣고 거품기로 잘 섞는다.

3 덩어리지면 우유를 3번에 나눠 조금씩 넣어가며 거품기로 푼다.

……… 우유를 나눠 넣을 때 처음과 두 번째까지는 거품기로 저어가며 덩어리질 때까지 끓이고, 세 번째 우유를 넣고 나서는 거품기로 덩어리 없이 매끈하게 잘 풀어준다.

4 걸쭉해질 때까지 약한 불에서 끓인 후 소금(1/3작은술)으로 간을 해 화이트소스를 만든다.

5 팬에 식용유(2작은술)를 두르고 중간 불에서 양파가 투명해질 때까지 볶은 후 베이컨 → 새우 순으로 넣고 물기가 없어질 때까지 볶는다. 소금(약간), 후추로 간을 한다.

6 ④, ⑤를 섞어 용기에 펼치고 랩을 밀착시켜 씌운 후 냉장실에서 차갑게 식힌다.

7 원통 모양을 빚은 후 박력분을 얇게 입힌다.

8 달걀 → 빵가루 순으로 튀김옷을 입힌다.

9 170℃(튀김 반죽이 바닥까지 가라앉았다가 2초 후 바로 떠오르는 정도)로 예열한 식용유에 넣고 노릇하게 튀긴다. 타르타르소스를 곁들인다.

……… 재료가 이미 다 익은 상태이기 때문에 노릇하게 색이 날 정도까지만 튀긴다.

멘치카츠

멘치카츠(メンチカツ)는 서양의
미트커틀릿(Meat cutlet)에서 유래했다.
다진 소고기에 양파 등을 섞어 빵가루를
입혀 튀긴 일본식 커틀릿이다. 부드러운
식감을 위해 라드를 추가한다. 고로케의
주재료가 감자인데 반해 멘치카츠는
다진 고기로 만들어 육즙이 풍부하다.

 4인분 / 30분

- ☐ 박력분 약간
- ☐ 빵가루 약간
- ☐ 튀김용 식용유 적당량

멘치카츠 반죽

- ☐ 다진 소고기 300g
- ☐ 양파 1/2개(100g)
- ☐ 다진 마늘 1작은술
- ☐ 라드 3큰술
- ☐ 소금 2/3작은술
- ☐ 통후추 간 것 약간

튀김 반죽

- ☐ 박력분 2.5큰술
- ☐ 달걀 1개
- ☐ 우유 2큰술

1

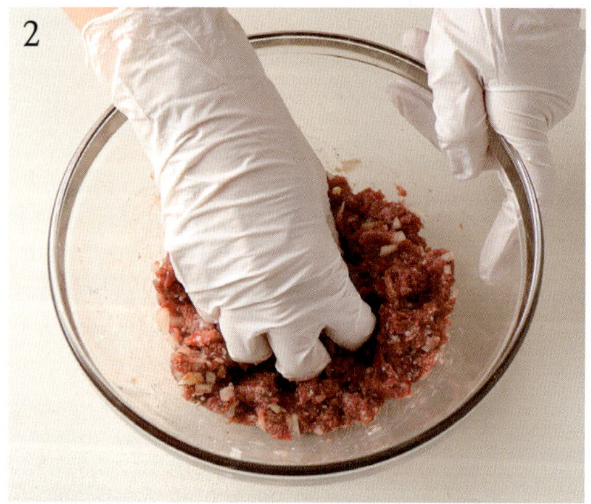

2

3

How to Cook

1 양파는 다진다. 볼에 튀김 반죽 재료를 넣고 잘 섞는다.

2 볼에 멘치카츠 반죽 재료를 모두 넣고 끈기가 생길 때까지 치댄다.

.... 라드를 넣으면 식감이 한층 부드러워진다.

3 손으로 던져가며 동글납작하게 모양을 빚은 후 박력분을 얇게 입힌다.

4 ①의 튀김 반죽 → 빵가루 순으로 튀김옷을 입힌다.

.... 달걀물이 아닌 튀김 반죽을 사용하면 육즙이 겉으로 새어 나오지 않는다.

5 170℃(튀김 반죽이 바닥까지 가라앉았다가 2초 후 바로 떠오르는 정도)로 예열한 기름에 넣고 중간 불에서 4분간 노릇하게 튀긴다.

카키후라이 · 에비후라이

カキフライ・エビフライ

❶ 카키후라이
❷ 에비후라이

카키후라이

카키는 굴(カキ), 후라이(フライ)는 튀김을
뜻하며, 일본풍 양식 중 대표적인 메뉴이다.
굴은 수분이 많기 때문에 튀김옷을
꼼꼼하게 묻혀야 튀길 때 터지지 않고,
튀길 때도 짧게 튀겨야 질기지 않고
육즙 가득한 튀김을 맛볼 수 있다.
빵가루는 튀겼을 때 식감이 바삭한
습식 빵가루를 추천하지만 대용량 포장에
보관이 어려운 단점이 있다. 기호에 따라
타르타르소스, 레몬 슬라이스를 곁들인다.

 **4인분 / 20분**

- ☐ 생굴 1봉(200g)
- ☐ 박력분 약간
- ☐ 건식 빵가루 약간(또는 습식 빵가루)
- ☐ 튀김용 식용유 적당량

튀김 반죽

- ☐ 박력분 30g
- ☐ 달걀 1개
- ☐ 찬물 약 1.3큰술(20㎖)

How to Cook

1 볼에 소금물, 굴을 넣고 흔들어 씻는다.

.... 소금물은 물 2컵, 소금 2작은술의 비율로 만들어
사용한다.

.... 간 무(무즙)에 굴을 넣고 흔들어 씻으면 불순물이
더 깨끗하게 제거된다.

2 ①을 헹군 후 체에 밭쳐 물기를 빼고 키친타월로
닦아 물기를 완전히 제거한다.

.... 물기를 완전히 제거해야 튀길 때 기름이 튀지 않는다.

3 볼에 튀김 반죽 재료를 넣고 섞는다.

4 ②에 박력분을 가볍게 묻힌다.

5 ③의 튀김 반죽 → 빵가루 순으로 골고루 묻힌다.

.... 튀김 반죽을 꼼꼼히 묻혀야 튀길 때 터지지 않는다.

6 170℃(튀김 반죽이 바닥까지 가라앉았다가
2초 후 바로 떠오르는 정도)로 예열한 기름에
③을 넣고 중간 불에서 1~2분간 노릇하게 튀긴다.

.... 카키후라이는 수분이 많아 오래 튀기면 질겨진다.

에비후라이

에비(エビ)는 새우, 후라이(フライ)는 튀김을
뜻한다. 카키후라이와 더불어 일본풍
양식의 대표적인 메뉴이다. 새우가 익으며
휘지 않도록 새우 배쪽에 칼집을 넣고
관절을 끊어 튀긴다. 타르타르소스를
곁들여낸다.

 **4인분 / 20분**

- ☐ 대하 새우 8마리
- ☐ 박력분 약간
- ☐ 달걀 약간
- ☐ 건식 빵가루 약간(또는 습식 빵가루)

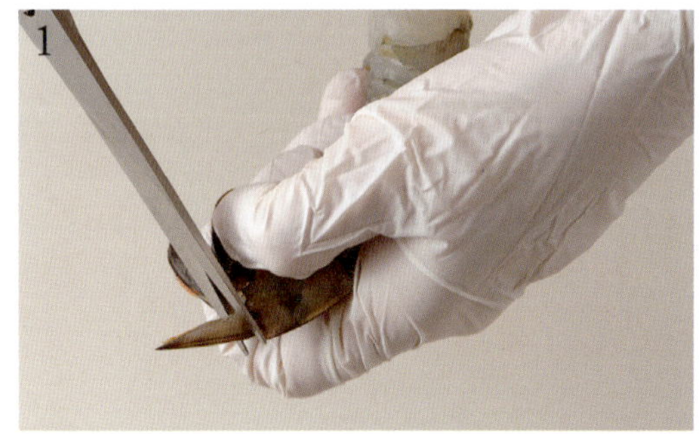

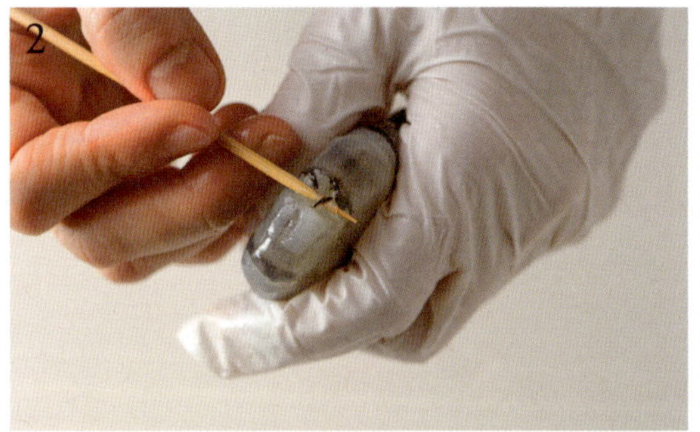

How to Cook

1 새우는 꼬리를 제외하고 머리, 껍질을 벗긴 후 꼬리의 물총을 제거한다.

······ 새우 꼬리의 물총을 제거하지 않으면 튀길 때 기름이 많이 튄다.

2 새우 등쪽 내장을 이쑤시개로 빼낸다.

3 배쪽 관절에 2~3군데 칼집을 넣는다.

4 양손으로 새우 몸통을 꾹꾹 누르면서 관절을 끊는다.

······ 이렇게 관절을 끊으면 튀겼을 때 휘어지지 않는다.

5 새우에 박력분을 가볍게 뿌려 묻힌다.

6 달걀 → 빵가루 순으로 튀김옷을 골고루 입힌다.

7 170℃(튀김 반죽이 바닥까지 가라앉았다가 2초 후 바로 떠오르는 정도)로 예열한 기름에 넣고 중간 불에서 2분간 노릇하게 튀긴다.

텐푸라
天ぷら

해산물이나 채소에 밀가루 옷을 얇게 입혀 기름에 바삭하게 튀긴 일본식 튀김을
텐푸라(天ぷら)라고 한다. 텐푸라는 튀김 반죽이 가장 중요한데, 달걀을 물에 풀 때
흰자가 완벽하게 풀어지도록 잘 섞고 글루텐 형성이 많이 되지 않도록
밀가루도 가볍게 섞어야 튀겼을 때 바삭하다.

4인분 / 40분

- ☐ 대하 새우 4마리
- ☐ 가지 1개
- ☐ 고구마 1개
- ☐ 꽈리고추 4개
- ☐ 연근 1/2개
- ☐ 단호박 1/2개
- ☐ 애호박 1/2개
- ☐ 표고버섯 2개
- ☐ 박력분 약간
- ☐ 튀김용 식용유 적당량

튀김 반죽

- ☐ 박력분 4/5컵(80g)
- ☐ 달걀 1개
- ☐ 찬물 약 2/3컵(130mℓ)

일본의 음식 이야기

에비후라이 vs. 에비텐푸라

새우를 주재료로 하는 에비후라이와 에비텐푸라의
가장 큰 차이는, 에비후라이는 서양식 튀김(洋食,
요쇼쿠)이고 에비텐푸라는 일본식 튀김(和食, 와쇼쿠)이라는
점이다. 에비후라이는 빵가루를 입혀 바삭하게 튀긴
요리이고, 에비텐푸라는 얇은 반죽으로 가볍게 튀겨 담백한
맛을 살린 튀김이다. 또한 에비후라이는 기름지고 고소한
튀김 자체의 만족감을 주는 반면, 에비텐푸라는 새우 본연의
맛을 강조하는 음식이다. 먹는 방식도 다른데, 에비후라이는
타르타르소스나 돈가스소스를 곁들이고, 에비텐푸라는
텐쯔유나 소금에 찍어 재료의 맛을 해치지 않도록 먹는다.

How to Cook

1 볼에 찬물, 달걀을 넣고 젓가락으로 잘 푼다.
…… 바삭한 식감을 위해 간혹 찬물 대신 얼음물을 사용하기도 하지만 얼음이 녹아
반죽이 묽어질 수 있으므로 주의한다.
…… 물에 달걀을 넣고 풀 때 흰자가 완벽하게 풀어지도록 잘 섞어야 한다.

2 박력분(4/5컵)을 넣고 가볍게 풀어 튀김 반죽을 만든다.
…… 박력분을 넣고 글루텐 형성이 많이 되지 않도록 가볍게 섞어야 튀겼을 때 바삭하다.
…… 바삭한 식감을 위해 모든 재료를 사용 전까지 냉장실에 차갑게 두면 좋다.

3 가지는 길이로 칼집을 넣은 후 부채 모양으로 펼친다.

4 고구마, 연근, 단호박, 애호박은 1cm 두께로 어슷 썬다. 표고버섯은 4등분한다.

5 새우는 꼬리를 제외하고 머리, 껍질을 벗긴 후 내장, 꼬리의 물총을 제거한다.
배쪽 관절에 2~3군데 칼집을 넣고 양손으로 새우 몸통을 꾹꾹 눌러
관절을 끊은 후 키친타월로 물기를 제거한다.

6 비닐에 박력분(약간), ④의 재료를 넣고 흔들어 가루를 골고루 입힌다.
새우는 박력분을 가볍게 뿌려 가루를 입힌다.
…… 단단한 채소 등은 비닐에 넣고 가루를 입혀도 되지만 무른 재료는 직접 뿌려야 모양이
망가지지 않는다.
…… 재료는 모두 물기를 완벽하게 제거해야지 튀길 때 기름이 덜 튄다.

7 ⑥에 ②의 반죽을 묻힌다.

8 170℃(튀김 반죽이 바닥까지 가라앉았다가 2초 후 바로 떠오르는 정도)로
예열한 기름에 넣고 중간 불에서 노릇하게 튀긴다.

수프카레
スープカレー

도테나베
土手鍋

카니스키
蟹すき

쌀쌀한 날, 입맛 없는 날엔 보글보글
나베와 카레

일본 유학 시절, 힘든 하루를 끝내고 돌아오는 길에 가끔 역 앞의 타치노미야(立ち飲み屋, 서서 마시는 술집)에 들르곤 했습니다. 맥주 한 잔에 스지오뎅을 주문하면 하루 종일 끓인 듯 깊은 국물 냄새가 먼저 다가왔지요. 모두가 서서 가볍게 한 잔씩 기울이던 그 분위기가 이상하게도 마음을 느슨하게 풀어주었습니다. 작은 골목길의 허름한 가게였고 특별할 것도 없는 자리였지만 그곳에 들르는 일은 하루의 위로와 같았습니다. 지치고 힘든 날이면 지금도 그때의 요리와 따뜻한 느낌이 함께 떠오릅니다. 저는 나베는 그런 기억을 닮은 요리라고 생각합니다.

카레는 또 다른 의미의 집밥입니다. 어릴 적 재일교포 친척 할아버지 덕분에 일본 카레를 유난히 자주 먹으며 자랐어요. 그래서인지 카레는 늘 고향집을 떠올리게 합니다. 요리학교에서 돌아온 저녁 무렵 어느 집 담을 넘어오는 카레 냄새를 맡으면 저도 집으로 돌아가고 싶다는 생각이 들곤 했어요. 여기서는 그런 기억을 바탕으로 나베와 카레를 다시 바라보려 합니다. 복잡한 기술보다 집에서 편하게 만들 수 있는, 혼자 먹어도 좋고 함께 먹으면 더 좋은 레시피들로. 조금 쌀쌀한 저녁, 괜히 마음이 헛헛한 날에 자연스럽게 꺼내 들 수 있는 음식으로 말입니다.

스지오뎅

筋おでん

소 힘줄을 뜻하는 스지(筋, すじ)를 넣어 끓인 일본식 오뎅탕이다.
일본에서는 오뎅이 오뎅을 일컫기보다는 오뎅을 넣어 만든 국물요리 자체를 뜻한다.
무는 쌀뜨물로 푹 익히고, 오뎅도 아주 약한 불로 은은하게 끓인다. 소 힘줄은 되도록
알스지를 구매하고 두께가 일정한 것으로 사용하는 것이 좋다.
취향에 따라 삶은 달걀, 데친 문어를 추가해도 좋다.

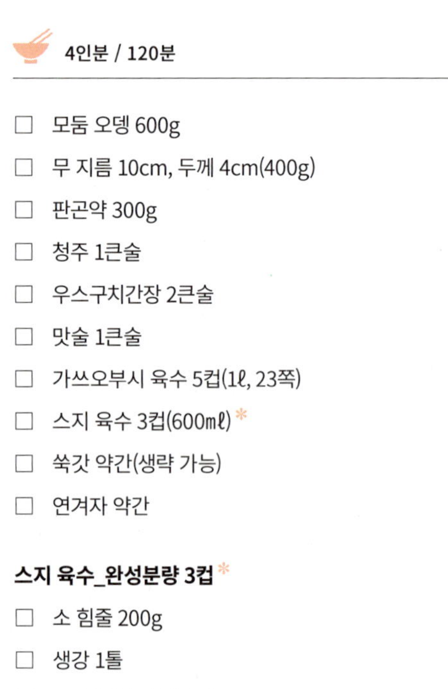

4인분 / 120분

☐ 모둠 오뎅 600g

☐ 무 지름 10cm, 두께 4cm(400g)

☐ 판곤약 300g

☐ 청주 1큰술

☐ 우스구치간장 2큰술

☐ 맛술 1큰술

☐ 가쓰오부시 육수 5컵(1ℓ, 23쪽)

☐ 스지 육수 3컵(600㎖) *

☐ 쑥갓 약간(생략 가능)

☐ 연겨자 약간

스지 육수_완성분량 3컵 *

☐ 소 힘줄 200g

☐ 생강 1톨

☐ 대파(푸른 부분) 1대

☐ 청주 2큰술

☐ 물 4컵(800㎖)

일본의 음식 이야기

일본 오뎅 vs. 한국 오뎅

일본과 한국의 오뎅은 비슷해 보이지만 즐기는 방식에는
차이가 있다. 일본에서는 찬바람이 불기 시작하면 편의점마다
오뎅 코너가 등장해 겨울이 왔음을 실감하게 한다. 다양한
재료를 국물에 담가 따뜻하게 먹는다는 점은 같지만,
우리나라처럼 오뎅 국물을 마시는 문화는 일반적이지 않다.
또한 우리나라에서는 간장에 찍어 먹는 경우가 많은 반면,
일본에서는 연겨자를 곁들여 먹는 것이 일반적이다.
특히 일본 오뎅에서 눈에 띄는 재료는 무로, 우리나라에서는
육수를 내기 위한 재료로 쓰이는 경우가 많지만 일본에서는
잘 익힌 무를 하나의 주재료로 판매한다. 국물이 충분히
배어든 무는 부드럽고 깊은 맛을 지녀 인기가 높다.
이처럼 일본의 오뎅은 재료 하나하나의 맛을 즐기는 데
초점을 두는 반면, 한국의 오뎅은 국물과 함께 어우러진 맛을
즐기는 음식이다.

1
2
3
4
5
6
7
8
9

How to Cook

1 소 힘줄은 찬물에 30분 정도 담가 핏물을 빼고 넉넉한 끓는 물에 넣어
2~3분간 데친 후 찬물에 헹군다.

2 압력솥에 ①의 소 힘줄, 나머지 스지 육수 재료를 모두 넣고 센 불에서 끓인다.

3 압력솥의 추가 올라오면 약한 불로 줄여 25분간 끓인다.
        일반 냄비에서는 소 힘줄이 부드러워지는 데 한계가 있기 때문에 추천하지 않는다.

4 ③의 소 힘줄을 건져 한입 크기로 썬다. 소 힘줄을 건져내고 남은 스지육수는
체에 거르고 차갑게 식혀 기름을 걷어낸 후 3컵을 계량한다.

5 무는 4cm 두께로 썰어 아랫부분에 십자 모양으로 칼집을 낸다.
곤약은 표면에 격자로 칼집을 내고 삼각형으로 썬다.

6 냄비에 쌀뜨물(분량 외), ⑤의 무를 넣고 중간 불에서 끓어오르면 약한 불로 줄여
뚜껑을 덮고 20분 정도 끓여 완전히 익힌다.
        쌀뜨물로 익히면 무의 아린 맛이 빠지고 쌀뜨물의 전분 성분으로 무가 덜 부스러진다.
        쌀뜨물이 없을 경우 쌀 한 꼬집을 넣으면 쌀뜨물과 동일한 효과를 낸다.

7 끓는 물에 ⑤의 곤약을 넣고 30초간 데친 후 찬물에 헹구고 체에 밭쳐 물기를 뺀다
        곤약은 끓는 물에 데쳐야 특유의 냄새가 제거되고 양념도 잘 밴다.

8 냄비에 오뎅, 쑥갓을 제외한 나머지 재료를 모두 넣은 후 뚜껑을 덮고
30분간 약한 불에서 끓인다.

9 오뎅을 넣은 후 뚜껑을 열고 10~15분간 약한 불에서 끓인 후 우스구치간장으로
간을 한다. 쑥갓을 올린다. 그릇에 담고 연겨자를 곁들인다.
        오뎅을 넣은 후 뚜껑을 덮고 끓이면 어묵이 쉽게 불기 때문에 뚜껑을 덮지 않는 것이 좋다.

Chef's Note

❀ 오뎅을 뭉근히 끓이면 국물에 오뎅의 맛과 간이 배기 때문에 처음 오뎅을 넣었을
때 간을 딱 떨어지게 하면 완성된 후 짜게 느껴질 수 있다. 처음에 오뎅을 넣고
싱겁게 느껴져도 여분의 간은 제일 마지막에 하는 것이 좋다.

모츠나베

もつ鍋

미즈타키
水炊き

모츠나베

소고기나 돼지의 내장을 주재료로 한
국물요리이다. 후쿠오카현 후쿠오카시의
향토요리로, 세계 2차대전 후 광부로 일했던
한국인들이 알루미늄 냄비에 내장과 부추를
넣고 끓인 요리에서 기원했다. 대창은
기름기가 많은 재료이기 때문에 냄비에
넣고 끓이기 전 초벌로 데치고 국물을
개운하게 만들기 위해 유즈코쇼를 빼놓지
않고 넣는다. 먹고 남은 국물에 삶은 우동을
넣어 먹거나 밥을 넣고 죽을 만들어도 좋다.

 4인분 / 30분

- 대창 400g
- 양배추 5장(100g)
- 우엉 지름 2cm, 길이 20cm(40g)
- 부추 2줌(100g)
- 팽이버섯 1/2봉(70g, 또는 다른 버섯)
- 마늘 4쪽
- 시판 유즈코쇼 2/3작은술
- 크러쉬드 레드페퍼 약간(생략 가능)

육수

- 맛술 4작은술
- 청주 4작은술
- 우스구치간장 4작은술
- 아와세미소 1작은술
- 가쓰오부시 육수 1컵(200㎖, 23쪽)
- 닭 육수 4컵(800㎖, 24쪽)

1

2

3

How to Cook

1　끓는 물에 대창을 넣고 1분간 데치고 헹군 후
한입 크기로 썬다.

⋯⋯⋯ 온라인몰 등에서 생대창을 구매해서 사용한다.

2　양배추는 한입 크기로 썰고, 우엉은 얇게
어슷 썬다.

3　부추는 5cm 길이로 썰고, 마늘은 얇게 편 썬다.
버섯은 가닥가닥 뜯는다.

4　냄비에 양배추를 깔고 ①의 대창, 우엉, 버섯,
마늘을 올린다.

5　④에 육수 재료를 넣고 중약 불에서 대창이
익을 때까지 은근히 끓인 후 부추를 올린다.
유즈코쇼, 크러쉬드 레드페퍼를 곁들인다.

⋯⋯⋯ 닭 육수는 물 1컵(200㎖)에 치킨파우더 1작은술 또는
액상치킨스톡(하림) 1작은술의 비율로 대체 가능하다.

미즈타키

후쿠오카를 대표하는 닭전골 요리이다.
닭뼈로 뽀얗게 국물을 내는 것이 포인트이고
뽀얀 국물을 내기 위해 뼈를 부숴 끓인다.
닭다리살 대신 닭볶음탕용 닭을 써도 좋다.
이 경우 닭고기를 먼저 넣고 20분 이상 끓여
충분히 익힌 후 나머지 채소 등의 재료를 넣고
익힌다. 건더기를 모두 먹고 남은 국물에
우동이나 밥과 달걀을 넣어 끓여 먹기도 한다.

 **4인분 / 2시간**

- [ ] 닭다리살 4쪽(400g)
- [ ] 두부 1/2모
- [ ] 알배추 약 1/5통(200g)
- [ ] 팽이버섯 1팩
- [ ] 쑥갓 1/2팩(100g)
- [ ] 대파(흰 부분) 1대
- [ ] 맛술 1/2작은술
- [ ] 우스구치간장 1작은술
- [ ] 소금 1/2작은술
- [ ] 식용유 1큰술
- [ ] 폰즈 4큰술(25쪽)

닭 육수_완성분량 약 6컵

- [ ] 닭 몸통뼈 600g
- [ ] 대파(푸른 부분) 1대
- [ ] 생강 1톨
- [ ] 청주 1/2컵(100㎖)
- [ ] 물 7.5컵(1.5ℓ)

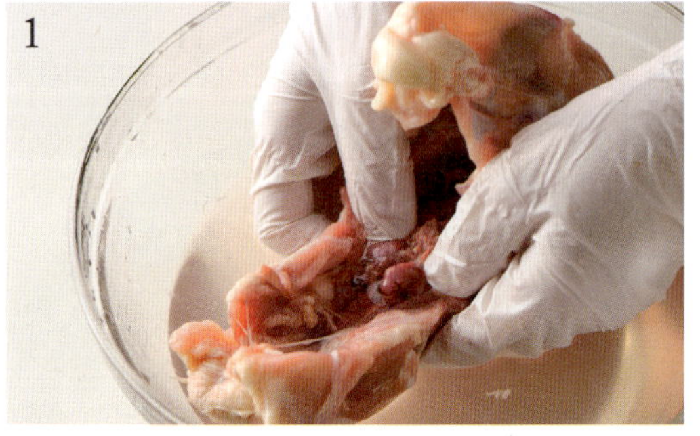

How to Cook

1 닭뼈는 대강의 기름과 내장을 제거하고 깨끗하게 씻은 후 끓는 물에 2~3분간 데친다.
...... 닭뼈는 온라인몰에서 구입 가능하다.

2 냄비에 ①, 닭 육수의 나머지 재료를 넣고 센 불에서 끓어오르면 약한 불로 낮춘 후 뚜껑을 덮고 불순물을 걷어가며 1시간 동안 끓인다.

3 볼에 닭뼈만 건져 감자매셔 등으로 잘게 부순다. 다시 ②에 넣고 약한 불에서 뚜껑을 덮고 30분간 더 끓인 후 체에 거른다. 5컵을 계량한다.
...... 닭뼈를 부숴 끓이면 미즈타키 특유의 뽀얀 국물을 낼 수 있다.

4 알배추, 쑥갓은 한입 크기로 썬다. 버섯은 밑동을 제거한다. 대파는 어슷 썬다.

5 닭다리살은 큼직하게 한입 크기로 썰고, 두부는 도톰하게 썬다.

6 팬에 식용유를 두르고 ⑤의 닭다리살을 올린 후 중간 불에서 앞뒤로 노릇하게 굽는다.

7 냄비에 채소와 두부, ③의 닭 육수, ⑥의 닭다리살, 맛술, 간장, 소금을 넣고 중간 불에서 모든 재료가 익을 때까지 끓인다. 폰즈를 곁들인다.
...... 폰즈 이외에 유즈코쇼, 와사비, 무 간 것 등을 곁들여도 좋다.

카니스키

蟹すき

도테나베
土手鍋

카니스키

카니(蟹)는 게를 뜻하는 일본어로, 게와
각종 채소를 넣고 끓인 맑은 국물요리이다.
게는 주로 대게의 다리살을 사용하며
다리는 먹기 쉽게 껍질에 칼집을 넣어
끓인다. 채소는 기호에 따라 다양하게
사용해도 좋다.

 4인분 / 30분

- □ 자숙 대게 다리 500g
- □ 두부 1/2모
- □ 알배추 약 1/5통(200g)
- □ 쑥갓 약 1줌(70g)
- □ 느타리버섯 3줌(150g)
- □ 대파(흰 부분) 1대
- □ 실곤약 1/2봉(100g)
- □ 맛술 1큰술
- □ 청주 1큰술
- □ 우스구치간장 1.5큰술
- □ 소금 1작은술
- □ 가쓰오부시 육수 7.5컵(1.5ℓ, 23쪽)

How to Cook

1 알배추는 줄기와 잎을 분리해서 각각 한입 크기로
썬다.

2 쑥갓은 한입 크기로 썰고, 버섯은 밑동을
제거하고 가닥가닥 뜬다. 두부는 한입 크기로
도톰하게 썰고, 대파는 어슷 썬다.

3 자숙대게는 다리 부분에 칼집을 넣어 껍질을
벗긴다.

4 끓는 물에 실곤약을 넣고 30초간 데친 후
찬물에 헹구고 체에 밭쳐 물기를 뺀다.
.... 곤약은 끓는 물에 데쳐야 특유의 냄새가 제거되고
양념도 잘 밴다.
.... 데치는 대신 뜨거운 물을 곤약에 부어 1분간 담가둬도
된다.

5 냄비에 알배추 줄기 부분을 냄비 바닥에 깐다.
.... 줄기 부분이 잘 익지 않기 때문에 바닥에 깔아서
익힌다.

6 ⑤ 위에 나머지 채소, 두부, 곤약, ③의 대게
다리를 올린 후 육수, 간장, 맛술, 청주, 소금을
넣어 채소가 익을 때까지 중간 불에서 끓인다.

도테(土手)는 둑이나 제방을 뜻하는 일본어로,
미소소스를 냄비 테두리에 둑처럼 발라서
만드는 모양에서 유래된, 히로시마 지방의
향토 전골요리이다. 냄비에 미소소스를
바를 때는 육수가 닿지 않을 높이에
미소소스를 바르고 먹기 전에 미소소스를
육수에 넣어 간을 맞춰 먹는다.

 **4인분 / 30분**

- □ 생굴 1봉(200g)
- □ 두부 1/2모
- □ 알배추 약 1/5통(200g)
- □ 쑥갓 1줌(60g)
- □ 표고버섯 4개
- □ 팽이버섯 1봉(150g)
- □ 우엉 지름 2cm, 길이 30cm(60g)
- □ 대파(흰 부분) 1대
- □ 가쓰오부시 육수 5컵(1ℓ, 23쪽)

미소소스

- □ 설탕 1/2큰술
- □ 맛술 1/2큰술
- □ 청주 1/2큰술
- □ 아와세미소 3큰술
- □ 적된장 1큰술(핫초미소)

How to Cook

1 알배추와 쑥갓은 한입 크기로 썰고 팽이버섯은
밑둥을 제거한다. 우엉, 대파는 어슷 썬다.
표고버섯은 칼집을 넣어 모양을 낸다.

2 두부는 한입 크기로 도톰하게 썰어 토치로
표면을 그을린다.

······ 표면을 굽지 않고 그대로 사용해도 된다.

3 볼에 소금물, 굴을 넣고 흔들어 씻는다.

······ 소금물은 물 2컵, 소금 2작은술의 비율로 만들어
사용한다.

······ 무 간 것(무즙)에 굴을 넣고 흔들어 씻으면 불순물이
더 깨끗하게 제거된다.

4 볼에 미소소스 재료를 넣고 섞는다.

······ 적된장은 핫초미소를 추천한다. 핫초미소는
다른 된장처럼 누룩을 사용하지 않고 소금과
대두만을 이용해서 장기간 발효한 된장이다.
단맛이 덜하고 칼칼하며 시골 된장스러운 맛이 나서
아와세미소와 함께 사용하면 맛이 한층 풍부해진다.

5 냄비 테두리에 ④의 미소소스를 바른다.

6 ⑤에 굴, 쑥갓을 제외한 나머지 재료를 모두 넣고
중간 불에서 끓인다.

7 재료가 반 이상 익으면 굴과 쑥갓을 넣어 익힌다.
냄비에 붙어있는 미소소스를 넣어가며 간을 맞춰
먹는다.

여름채소 키마카레

夏野菜キーマカレー

인도식 키마(Keema) 카레에서 유래한, 국물이 거의 없는 드라이 카레이다. 카레가루는
오뚜기 카레가루나 카레 여왕 등 국산 카레가루를, 카레루는 일본 고형카레를 사용한다.
채소는 계절이나 기호에 맞게 조절한다.

 **4인분 / 30분**

- ☐ 따뜻한 밥 4공기(800g)
- ☐ 다진 소고기 200g
- ☐ 다진 돼지고기 100g
- ☐ 양파 1개(200g)
- ☐ 당근 약 1/3개(60g)
- ☐ 셀러리 10cm(20g)
- ☐ 가지 1/3개
- ☐ 파프리카 1/4개
- ☐ 토마토 1개(약 160g)
- ☐ 카레가루 2큰술
  (오뚜기, 카레여왕 등)
- ☐ 고형카레 1조각
  (S&B 골든커리 매운맛, 약 27g)

- ☐ 다진 생강 1작은술
- ☐ 다진 마늘 1/2큰술
- ☐ 물 3/4컵(150㎖)
- ☐ 식용유 1.5큰술 + 1.5큰술
- ☐ 달걀노른자 4개분(생략 가능)

향신료

- ☐ 큐민파우더 1/2작은술
- ☐ 강황가루 1작은술
- ☐ 고춧가루 1작은술
- ☐ 크러쉬드 레드페퍼
  1/2작은술(생략 가능)

**일본 가정식의 대표 메뉴,
카레라이스**

일본 카레는 인도에서 영국을 거쳐
일본으로 전해졌다. 메이지 시대에
영국 해군을 통해 들어온 카레는 밥과
함께 먹는 형태로 발전하면서 오늘날의
카레라이스로 자리 잡았다. 이후
학교 급식과 군대 식단에 포함되며
전국적으로 빠르게 퍼졌고, 시판
카레 루(roux)를 활용해 누구나 쉽게
만들 수 있게 되면서 가정식으로 널리
정착했다. 어린 시절부터 익숙하게
접하는 음식이라는 점에서 정서적인
친숙함도 크다. 일본 카레는 루를
사용해 걸쭉하고 부드러운 맛을 내는
것이 특징이며, 달콤짭짤한 채소
절임인 후쿠진즈케(福神漬け)나
락교(らっきょう)를 곁들여 함께 먹는다.

How to Cook

1   양파는 채 썰고, 당근, 셀러리는 다진다. 가지, 파프리카는 사방 1.5cm 크기로
썬다.

2   토마토는 꼭지 반대쪽에 열십자(+)로 칼집을 내고 끓는 물에 10초간 데친 후
껍질을 벗기고 다진다.

3   바닥이 두꺼운 팬이나 냄비에 식용유(1.5큰술)를 두른 후 ①의 양파를 넣고
중간 불에서 캐러멜색이 될 때까지 볶는다.

4   다른 팬에 식용유(1.5큰술)를 두르고 큐민파우더, 다진 생강, 다진 마늘을 넣고
향이 날때까지 중약 불에서 볶은 후 당근, 셀러리를 넣고 중간 불로 올려 익힌다.

5   ④에 ③의 양파, 카레가루, 강황가루, 고춧가루, 크러쉬드 레드페퍼를 넣고
약한 불에서 가볍게 볶은 후 다진 고기를 넣고 중간 불로 올려 고기가
완전히 익을 때까지 볶는다.

········ 식용유가 부족하면 중간에 1~2큰술을 더해도 좋다.

········ 크러쉬드 레드페퍼가 없다면 분량만큼 고춧가루(총 1.5작은술)를 더 넣는다.

6   ⑤에 토마토, 물을 넣고 물기가 거의 없어질 때까지 중간 불에서 끓인다.

7   가지, 파프리카를 넣고 중간 불에서 익힌 후 고형카레를 넣고
약한 불로 줄여 되직해질 때까지 끓인다. 그릇에 밥을 담고 카레, 달걀노른자,
이탈리안파슬리(분량 외, 생략 가능)를 올린다.

········ 고형 카레는 쉽게 눌어붙기 때문에 저어가며 끓이고, 마지막에 넣어 농도를 조절한다.

········ 카레가루와 고형카레를 함께 사용하면 맛이 한층 더 풍부해진다.

········ 구운 채소를 곁들여도 좋다.

수프카레
スープカレー

일본의 최북단 홋카이도 지역에서 발달한 일본식 카레이다. 향신료로 만든 약선수프가
그 유래라는 설이 있다. 카레는 양파를 캐러멜색이 될 때까지 볶는 과정이 중요한데,
처음에는 냄비 뚜껑을 덮고 양파가 숨이 죽을 때까지 젓지 않고 익힌 후 양파에서 물이
나오면 뚜껑을 열고 되도록 뒤적이지 않으면서 익힌다. 바닥에 양파가 눌어붙기 시작하면
그때부터 가끔씩 저어가며 색이 날 때까지 볶는다. 우리나라 카레가루는 향신료의 향이
약하기에 일본 카레카루와 향신료를 배합해 사용했다.

 **4인분 / 1시간 30분**

☐ 닭다리 4개

☐ 닭다리살 5쪽(500g)

☐ 양파 1개(200g)

☐ 토마토 다이스 통조림 200g

☐ 맛술 1작은술

☐ 간장 1작은술

☐ 카레가루 3큰술
  (S&B 커리파우더)

☐ 우스터소스 1작은술

☐ 다진 마늘 1큰술

☐ 다진 생강 1/2작은술

☐ 소금 약간 + 1/2작은술 + 약간

☐ 통후추 간 것 약간

☐ 무염버터 약 1/3큰술(20g)

☐ 식용유 1큰술 + 2큰술 + 1큰술

☐ 닭 육수 2컵(400㎖, 24쪽)

향신료

☐ 큐민파우더 1작은술

☐ 코리앤더파우더 1큰술

☐ 바질럽드 1작은술

☐ 카이엔페퍼 1/2작은술
  (또는 고춧가루, 생략 가능)

토핑용 채소

☐ 단호박, 파프리카, 연근,
  옥수수 등 약간

삿포로 명물, 수프카레

수프카레는 일본 카레와는 전혀 다른
스타일의 국물형 카레 요리로, 특히
홋카이도 삿포로(札幌) 지역을 대표하는
음식이다. 1970년대 삿포로에서
시작되어 이후 지역 명물로 자리
잡았으며, 홋카이도에 가면 수프카레
전문점이 즐비할 만큼 다양한 맛집을
쉽게 찾아볼 수 있다.
일반적인 일본 카레가 루를 사용해
걸쭉하게 끓이는 데 반해, 수프카레는
루 없이 묽은 국물 형태로 만들어 다양한
향신료의 풍미가 직접적으로 느껴지는
것이 특징이다. 또한 닭다리와 감자,
당근 등의 채소를 큼직하게 썰어 넣고,
밥과 카레를 따로 담아 밥을 조금씩 떠서
카레에 적셔 먹는다. 매운 정도나 토핑을
선택할 수 있어 젊은 층에게 특히 인기가
높다.

How to Cook

1   양파는 채 썰고, 닭다리살은 큼직한 한입 크기로 썬 후 닭다리와 함께
소금(약간), 후추를 뿌려 10분간 재운다.

2   토핑용 채소는 적당한 크기로 썬다.
……… 가지, 고구마, 아스파라거스, 브로콜리 등 다양한 채소로 응용 가능하다.

3   바닥이 두꺼운 팬에 식용유(1큰술)를 두르고 채 썬 양파를 넣어 중간 불에서
캐러멜색이 될 때까지 볶는다.

4   ③에 다진 마늘, 다진 생강을 넣고 향이 날 때까지 약한 불에서 볶은 후
토마토 다이스를 넣고 물기가 거의 없어질 때까지 중간 불에서 볶는다.

5   팬에 식용유(2큰술)를 두르고 닭다리, 닭다리살을 올리고 껍질이
노릇해질 때까지 중강 불에서 굽는다.

6   ④에 버터, 카레가루, 향신료 재료를 넣고 한 덩어리가 되도록
약한 불에서 볶는다.
……… 바질럽드는 바질과 소금, 여러 향신료를 섞은 것으로, 특히 닭고기와 궁합이 좋다.

7   닭 육수, ⑤의 닭고기를 넣어 뚜껑을 덮고 15분간 중약 불에서 끓인 후
간장, 맛술, 우스터소스, 소금(1/2작은술)을 넣어 간을 한다.
싱거우면 소금을 더한다.
……… 닭 육수는 물 1컵(200㎖)에 치킨파우더 1작은술 또는 액상치킨스톡(하림) 1작은술의
비율로 대체 가능하다.

8   팬에 식용유(1큰술)를 두르고 ②의 채소를 그대로 올린다.

9   중간 불에서 색이 날 때까지 앞뒤로 구운 후 소금(약간), 후추로 간을 한다.
그릇에 수프커리를 담고 채소 토핑을 올린다.
……… 토핑용 채소는 튀겨도 된다.
……… 삶은 달걀을 곁들여도 좋다.

스지카레

筋カレー

소 힘줄을 뜻하는 스지(筋, すじ)를 넣어 끓인 카레이다. 오사카나 교토를 중심으로 한
관서 지역에서는 소 힘줄을 사용한 요리가 발달했는데, 스지카레 역시 관서 지역에서
즐겨 먹는다. 소 힘줄과 카레로만 맛을 내면 자칫 무거워질 수 있어서 토마토를 더해
상큼하게 만들었다. 카레가루는 일본 S&B 커리파우더나 국산 카레 여왕을,
카레루는 일본 고형카레를 사용한다.

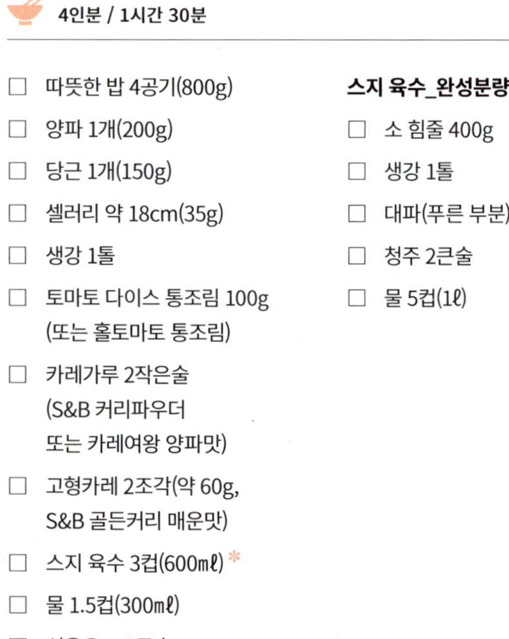

4인분 / 1시간 30분

□ 따뜻한 밥 4공기(800g)

□ 양파 1개(200g)

□ 당근 1개(150g)

□ 셀러리 약 18cm(35g)

□ 생강 1톨

□ 토마토 다이스 통조림 100g
  (또는 홀토마토 통조림)

□ 카레가루 2작은술
  (S&B 커리파우더
  또는 카레여왕 양파맛)

□ 고형카레 2조각(약 60g,
  S&B 골든커리 매운맛)

□ 스지 육수 3컵(600㎖) *

□ 물 1.5컵(300㎖)

□ 식용유 1~2큰술

스지 육수_완성분량 3.5컵 *

□ 소 힘줄 400g

□ 생강 1톨

□ 대파(푸른 부분) 1대

□ 청주 2큰술

□ 물 5컵(1ℓ)

1
2
3
4
5
6
7
8
9

How to Cook

1   소 힘줄은 찬물에 30분 정도 담가 핏물을 빼고 넉넉한 끓는 물에 넣어
2~3분간 데친 후 찬물에 헹군다.

2   압력솥에 ①의 소 힘줄, 나머지 스지 육수 재료를 모두 넣고 센 불에서 끓인다.
……… 일반 냄비에서는 소 힘줄이 부드러워지는 데 한계가 있기 때문에 추천하지 않는다.

3   압력솥의 추가 올라오면 약한 불로 줄여 25분간 끓인다.

4   ③의 소 힘줄을 건져 한입 크기로 썬다. 스지 육수는 체에 거르고 식혀
기름을 걷는다. 3컵을 계량한다.

5   양파는 얇게 채 썬다. 당근, 셀러리, 생강은 믹서에 한꺼번에 넣고
곱게 간다.

6   바닥이 두꺼운 냄비에 식용유를 두르고 채 썬 양파를 넣어 중간 불에서
투명하게 익을 때까지 볶는다.

7   ⑥에 ⑤의 당근, 셀러리, 생강 간 것을 넣고 중간 불에서 숨이 죽을 때까지
볶는다.

8   소 힘줄, 토마토 다이스, 카레가루, 스지육수, 물을 넣고
뚜껑을 덮고 중간 불에서 30분간 끓인다.

9   고형카레를 넣고 걸쭉해질 때까지 중약 불에서 약 5분간 더 끓인다.
간이 부족하면 간장(분량 외)이나 쯔유(분량 외, 25쪽)를 더한다.
그릇에 밥을 담고 카레를 올린다.
……… 카레카루와 고형카레를 함께 사용하면 맛이 한층 더 풍부해진다.

비프카레

ビーフカレー

일본에서 가장 대중적인 소고기 카레로, 카레에 소량의 캐러멜소스를 넣어 단맛뿐만
아니라 풍미와 감칠맛을 살렸다. 또한 한국식 카레는 보통 간을 하지 않으나 일본식 카레는
간장이나 쯔유 등을 넣어 깊은 맛을 내는 경우가 많다.

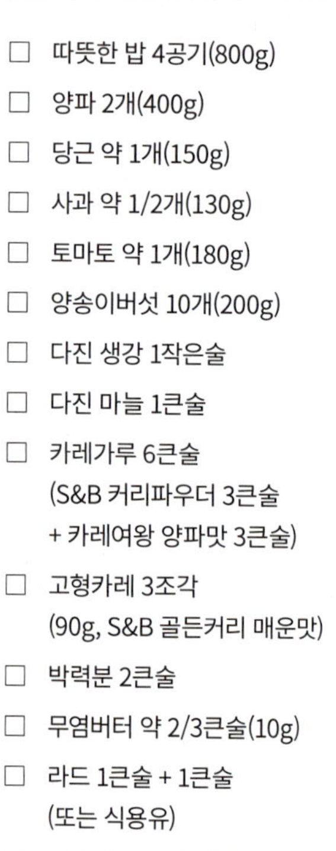

4인분 / 1시간 20분

□ 따뜻한 밥 4공기(800g)

□ 양파 2개(400g)

□ 당근 약 1개(150g)

□ 사과 약 1/2개(130g)

□ 토마토 약 1개(180g)

□ 양송이버섯 10개(200g)

□ 다진 생강 1작은술

□ 다진 마늘 1큰술

□ 카레가루 6큰술
　(S&B 커리파우더 3큰술
　+ 카레여왕 양파맛 3큰술)

□ 고형카레 3조각
　(90g, S&B 골든커리 매운맛)

□ 박력분 2큰술

□ 무염버터 약 2/3큰술(10g)

□ 라드 1큰술 + 1큰술
　(또는 식용유)

□ 사태 육수 5컵(1ℓ) *

사태 육수_완성분량 약 6컵 *

□ 수육용 사태 900g

□ 물 7.5컵(1.5ℓ)

□ 대파(푸른 부분) 1개

캐러멜소스

□ 설탕 20g

□ 물 1작은술

How to Cook

1   찬물에 사태를 넣고 30분간 핏물을 뺀다.

2   압력솥에 ①의 사태, 물, 대파를 넣고 센 불에서 끓여 추가 올라오면
약한 불로 줄이고 20분간 끓인다.

3   사태는 한입 크기로 썰고, 육수는 체에 거른 후 차갑게 식혀 기름을 걷어낸다.
5컵을 계량한다.

4   양파는 채 썰고, 양송이버섯은 편 썬다. 당근, 사과, 토마토는 믹서에
한꺼번에 넣고 간다.

5   바닥이 두꺼운 냄비에 라드(1큰술)를 넣고 녹인 후 채 썬 양파를 넣어
중간 불에서 캐러멜색이 될 때까지 볶는다.

········ 라드를 넣으면 고소한 풍미와 감칠맛이 더해져 카레의 맛이 한층 풍부해진다.

6   ⑤에 다진 마늘, 다진 생강을 넣어 향이 날 때까지 약한 불에서 볶는다.
라드(1큰술)를 추가한 후 카레가루, 박력분을 넣고 약한 불에서 볶는다.

7   ⑥에 ④의 당근, 사과, 토마토 간 것을 넣고 중간 불로 올려 살짝 볶는다.
사태 육수를 넣은 후 뚜껑을 덮고 약한 불로 줄여 30분간 끓인다.

8   팬에 버터를 두르고 양송이버섯을 넣어 중간 불에서 노릇해질 때까지 볶는다.
⑦에 고형카레와 함께 넣고 중간 불에서 걸쭉하게 될 때까지 끓인다.

9   작은 냄비에 캐러멜소스 재료를 넣고 갈색이 될 때까지 중간 불에서 끓인 후
⑧에 넣고 섞는다. 간이 부족하면 간장(분량 외)이나 쯔유(분량 외, 25쪽)를
더한다.

Chef's Note

❋   카레가루는 가장 이상적인 맛을 내기 위해 2가지를 섞어 사용했지만,
S&B 커리파우더 또는 카레여왕 양파맛 1가지만 분량만큼(6큰술) 넣어도 된다.
S&B 커리파우더는 온라인몰에서 판매하는 하치 커리파우더로 대체 가능하다.
단, 하치 커리루와는 맛이 다르기 때문에 구입 시 주의해야 한다.

츠쿠네
つくね

이소베마키
磯辺巻き

카라아게
唐揚げ

타타키큐리
たたききゅうり

안주 한입, 술 한잔의 행복,
펭귄 이자카야

저의 쿠킹 클래스 이름은
'펭귄쿠킹스튜디오'입니다. 남편이 펭귄을
연구하는 조류학자라는 이유에서 자연스럽게
붙은 이름인데, 그 덕분에 저는 한때
'펭귄식당'이라는 가게를 여는 작은 꿈을
품기도 했었어요. 거창한 레스토랑보다는,
안주 한입에 가볍게 잔을 기울일 수 있는
편안한 공간을 떠올리곤 했습니다.
사실 저는 술보다 술안주를 더 좋아합니다.
그래서 수업 메뉴에도 자연스레 안주 요리가
많아졌고, 특히 닭 요리는 수강생들에게
꾸준히 호응을 얻어 '펭귄쿠킹스튜디오는
치킨불패'라는 농담까지 생겼어요. 안주는
화려한 요리보다 손이 자주 가는 음식, 한입
크기로 나누어 먹으며 대화를 이어가게 하는
음식에 가깝습니다. 그리고 일본 선술집인
이자카야(居酒屋)에서 인상 깊었던 점은
해산물이 식탁의 중심에 있다는 사실입니다.

바지락술찜에서 피어오르는 짭조름한 김,
네기마구로와 나메로우의 바다 향,
이소베마키의 고소함과 도미카르파초의
산뜻함은 재료의 맛을 과하지 않게
살리면서 술과 자연스럽게 어울렸습니다.
여기에 카라아게와 치킨난방, 닭날개조림과
츠쿠네 같은 닭 요리, 느리게 익힌 카쿠니와
야키교자, 오코노미야키가 더해지면 안주는
한층 풍성해집니다. 각각은 만들기 어렵지
않지만, 함께 놓이면 이자카야 특유의 온도를
만들어내지요.
여기서는 제가 수업에서 가장 자주 만들고,
또 가장 자신 있게 소개하고 싶은 일식
술안주들을 모아봤습니다. 집에서도 편하게
만들 수 있는 방식으로, 펭귄쿠킹스튜디오의
식탁과 닮은 맛으로 정리했어요. 안주 한입이
부담 없는 즐거움이 되고, 술 한잔이 하루의
마무리가 되는 요리들로 말이죠.

바지락 버터술찜
アサリの酒蒸し

바지락(アサリ, 아사리)을 청주로 **쪄낸 술찜**(酒蒸し, 사카무시)이다.
조개와 술을 넣고 센 불로 재빨리 끓여야 질기지 않게 완성할 수 있다.
바지락 대신 모시조개 등의 조개로 넣어도 좋다.

 4인분 / 20분
(+ 바지락 해감하기 12시간)

□ 바지락 1kg(또는 모시조개 등)
□ 마늘 3쪽
□ 쪽파 3줄기
□ 청주 3/4컵(150㎖)
□ 간장 1작은술
□ 무염버터 1큰술
□ 물 1/4컵(50㎖)

How to Cook

1   볼에 소금물, 바지락을 넣고 냉장실에서 하룻밤 해감한 후
솔로 문지르면서 흐르는 물에 깨끗하게 씻는다.

……… 소금물은 물 5컵, 소금 30g의 비율로 만들어 사용한다.

2   마늘은 편 썰고 쪽파는 송송 썬다.

3   냄비에 바지락, 마늘, 청주를 넣고 센 불에서 뚜껑을 덮어 끓인 후
바지락이 1~2개 정도 입을 벌리면 냄비를 흔들어가며 2~3분 정도
더 익힌다. 간장, 버터를 넣고 쪽파를 올린다.

백골뱅이조림

つぶ貝煮

골뱅이를 간장, 맛술, 청주로 조린 조림요리이다.
백골뱅이는 오래 조리지 않고 그대로 식혀 질기지 않게 완성한다.

 4인분 / 20분
(+ 백골뱅이 해감하기 1시간)

- ☐ 백골뱅이 1kg
- ☐ 맛술 1/2컵(100mℓ)
- ☐ 청주 1/4컵(50mℓ)
- ☐ 우스구치간장 1/2컵(100mℓ)
- ☐ 가쓰오부시 육수 3컵
  (600mℓ, 23쪽)

How to Cook

1 볼에 소금물, 골뱅이를 넣고 냉장실에서 1시간 정도 해감한 후
솔로 문지르면서 흐르는 물에 깨끗하게 씻는다.
.... 소금물은 물 5컵, 소금 30g의 비율로 만들어 사용한다.

2 냄비에 모든 재료를 넣고 센 불에서 끓어오르면 중간 불로 줄여
5~7분간 더 끓이고 그대로 식힌다.
.... 조림은 가열하는 과정뿐 아니라 식히는 동안에도 양념이 천천히 배어든다.

도미카르파초

鯛のカルパッチョ

생 소고기로 만드는 이탈리아 요리 카르파초(Carpaccio)를 일본식으로 재해석한
일본풍 이탈리아 회요리이다.
먹기 직전 회에 소금과 후추로 간을 한다.
생선은 다른 횟감으로 대체 가능하고 발사믹크림을 뿌려도 맛있다.

4인분 / 20분

- □ 도미회 약 400g
  (도미 1kg을 회 뜬 분량)
- □ 오렌지 1/4개
- □ 자몽 1/4개
- □ 소금 약간
- □ 통후추 간 것 약간
- □ 한련화잎 약간(생략 가능)

소스

- □ 오렌지즙 1.5큰술
- □ 자몽즙 1.5큰술
- □ 소금 2꼬집
- □ 통후추 간 것 약간
- □ 올리브유 2큰술

How to Cook

1 오렌지, 자몽은 껍질을 벗기고
과육만 도려낸 후 사방 1cm 크기로
썬다.

2 볼에 소스 재료를 넣고 소금이
녹을 때까지 섞는다.

3 그릇에 도미회를 가지런히 올리고
소금, 후추를 뿌린다. ①의 과육,
한련화잎을 올린 후 소스를 골고루
뿌린다.

이소베마키
磯辺巻き

이소베마키는 특정 음식 한 가지를 뜻하기보다 김으로 말아낸 다양한 요리로,
이자카야 메뉴에서는 전갱이회와 채소를 김밥처럼 만 음식을 뜻한다.
보통은 김으로 말지만 여기서는 감태로 말아 색과 식감을 살렸다. 감태 대신
김밥용 김, 전갱이회 대신 다른 회로 대체해도 좋다.

🥣 4인분 / 30분

- ☐ 전갱이회 200g
  (또는 고등어회, 방어회 등)
- ☐ 생감태 2장(또는 김밥용 김)
- ☐ 시소잎 약 6장
- ☐ 생강 초절임 2큰술
- ☐ 쪽파 8줄기
- ☐ 회간장 약간
- ☐ 와사비 약간

How to Cook

1 생강 초절임, 시소잎, 쪽파는 키친타월로 물기를 제거한다.

2 김발 위에 감태를 올리고 그 위에 전갱이회를 올린다.

3 ② 위에 시소잎 → 생강 초절임 → 쪽파 순으로 올리고 김밥처럼 만다.
적당한 크기로 썰어 그릇에 담고 회간장, 와사비를 곁들인다.

네기마구로

ねぎまぐろ

나메로우

なめろう

네기마구로

네기(ねぎ)는 파, 마구로(まぐろ)는 참치를
뜻한다. 다진 참치 속살에 송송 썬 쪽파를
섞은 요리로, 보통은 덮밥이나 군함마키로
즐기지만 여기서는 카나페 스타일로
응용해 만들었다. 참치의 적신(아카미) 부위는
기름기가 적어서 양념에 마요네즈를 섞어
부드러운 맛을 더했다. 적신 외에도
중뱃살 등을 사용해도 좋다.

 4인분 / 30분(+ 참치 숙성하기 7~8시간)

- ☐ 냉동 참치 200g(적신 또는 중뱃살)
- ☐ 아보카도 1/2개
- ☐ 설탕 약간
- ☐ 간장 1작은술
- ☐ 마요네즈 1작은술
- ☐ 소금 1/2작은술 + 약간
- ☐ 송송 썬 쪽파 2큰술
- ☐ 라이스페이퍼 약간
- ☐ 김밥용 김 약간
- ☐ 튀김용 식용유 적당량

How to Cook

1 냉동 참치는 소금물에 담가 3분간 해동한 후
해동지에 싸고 랩으로 감싸 냉장실에서 7~8시간
정도 숙성한다.
······ 소금물은 물 5컵, 소금 50g의 비율로 만들어 사용한다.

2 ①의 참치를 칼로 곱게 다진다. 아보카도는
사방 1cm 크기로 깍둑 썬다.

3 볼에 ②, 마요네즈, 간장, 소금(1/2작은술)을
넣고 섞은 후 냉장실에서 차갑게 식힌다.

4 라이스페이퍼를 찬물에 적신 후 김의 거친 면에
크기를 맞춰 붙인다.

5 전자레인지를 이용해 ④를 1장씩 30초간
가열해서 말리고 한입 크기로 자른다.

6 170℃(튀김 반죽이 바닥까지 가라앉았다가
2초 후 바로 떠오르는 정도)로 예열한 기름에
⑤를 넣고 바삭하게 튀긴다. 뜨거울 때 소금(약간),
설탕을 뿌리고 식힌다. ③의 네기마구로를 올린다.
······ 와사비를 곁들여도 좋다.

231

나메로우

일본 동경의 동쪽과 남쪽에 위치한
치바현(千葉)현, 카나가와(神奈川)현 등 바다를
접하고 있는 지역 어부들이 배 위에서 갓 잡은
생선을 즉석에서 다져 미소소스에 버무려
먹던 선상 요리이다. 미소소스를 섞어
회를 바로 무쳐내도 좋지만 향신 채소를
참기름에 볶아 물기를 없애고 미소소스를
만들면 향이 더욱 풍부해진다.
전갱이회 외에도 기름기가 많은 등푸른
생선으로 대체 가능하다.

 **4인분 / 30분**

- ☐ 전갱이회 200g(또는 고등어회, 방어회 등)
- ☐ 우메보시 1/2개(약 4~5g)
- ☐ 시소잎 5장
- ☐ 풋고추 2개
- ☐ 대파(흰 부분) 1/2대
- ☐ 다진 생강 1/3작은술
- ☐ 참기름 1/2큰술
- ☐ 식용유 1/2큰술

미소소스

- ☐ 설탕 1/2작은술
- ☐ 맛술 1작은술
- ☐ 청주 1작은술
- ☐ 아와세미소 40g

How to Cook

1 전갱이회는 굵게 다진다. 우메보시, 시소잎, 풋고추, 대파는 각각 곱게 다진다.

2 팬에 참기름, 식용유를 두르고 ①의 다진 풋고추, 다진 대파를 넣은 후 중간 불에서 수분이 날아갈 정도까지 볶는다.

⋯⋯⋯ 참기름은 고소한 향을 더할 수 있지만 발연점이 낮아 타기 쉽기 때문에 발연점이 높은 식용유와 함께 사용한다.

3 불을 끄고 ①의 다진 우메보시, 다진 시소를 넣어 섞는다.

4 냄비에 미소소스 재료를 넣고 중간 불에서 3분간 저어가며 끓인 후 식힌다. ③을 넣고 섞는다.

5 볼에 ①의 전갱이회, ④를 넣고 섞는다.

Chef's Note

❀ 우메보시(梅干し)는 매실을 소금에 절여 말린 일본의 대표적인 발효·절임 식품이다. 매우 강한 신맛과 짭짤한 맛이 특징이며, 밥 위에 올려 먹거나 오니기리의 속재료로 사용하고, 죽이나 차에 곁들여 먹기도 한다. 입맛을 돋우고 느끼함을 덜어주는 역할을 한다.

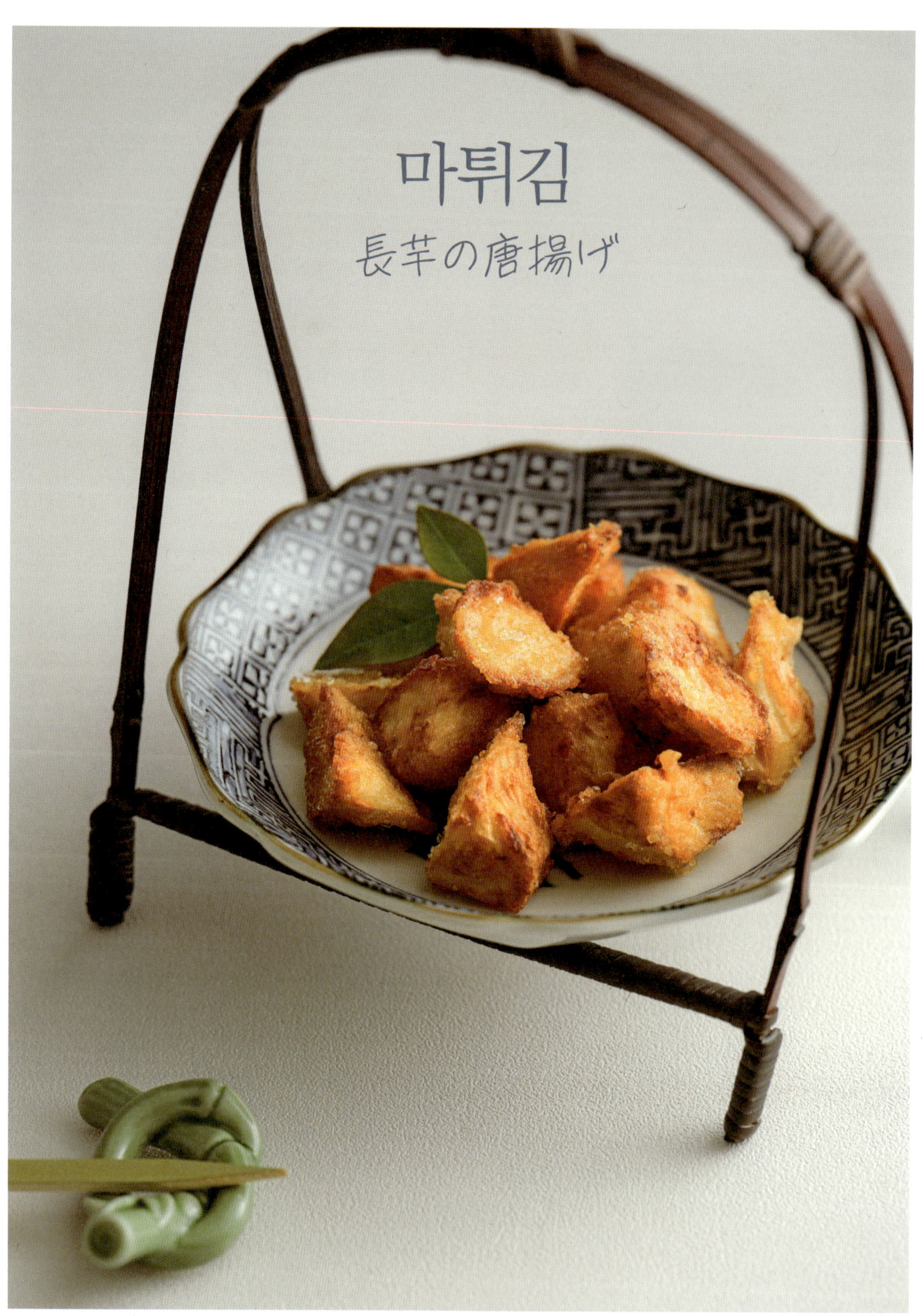
마튀김
長芋の唐揚げ

일본식 마튀김이다. 마는 약한 불에서 천천히 튀겨야 속까지 골고루 익는다.
발사믹식초, 버터, 꿀을 1:1:1의 비율로 섞어 가볍게 끓인 소스를 곁들여도 맛있다.

 **4인분 / 30분**

☐ 마 약 2개(400g)

☐ 박력분 2큰술

☐ 감자전분 2큰술

양념

☐ 청주 2작은술

☐ 간장 2작은술

☐ 다진 마늘 1/3작은술

☐ 다진 생강 1/3작은술

How to Cook

1 마는 껍질을 벗기고 한입 크기로 썬다.
    ⋯⋯⋯ 마는 점액 때문에 미끄러워 칼질이 어려우므로 도마 위에서 안정적으로 잡고
    천천히 벗긴다. 마의 점액에는 수산칼슘 결정이 있어 피부에 닿으면 가려움이나
    따가움을 유발할 수 있으니, 장갑을 끼거나 손에 식초물 또는 레몬즙을
    살짝 묻힌 후 손질한다.

2 볼에 ①의 마, 양념 재료를 넣고 버무린 후 10분간 재운다.

3 ②에 박력분 → 전분 순으로 튀김옷을 골고루 입힌 후
    130℃로 예열한 기름에 넣고 12~13분간 은근히 튀긴다.
    ⋯⋯⋯ 마는 낮은 온도에서 오래 튀겨야 속까지 잘 익는다.

닭날개조림

手羽先煮

닭 아랫날개(手羽先, 테바사키)를 간장, 맛술, 설탕으로 조린 요리이다.
양념을 넣고 중강 불로 조려야 표면에 윤기가 난다.

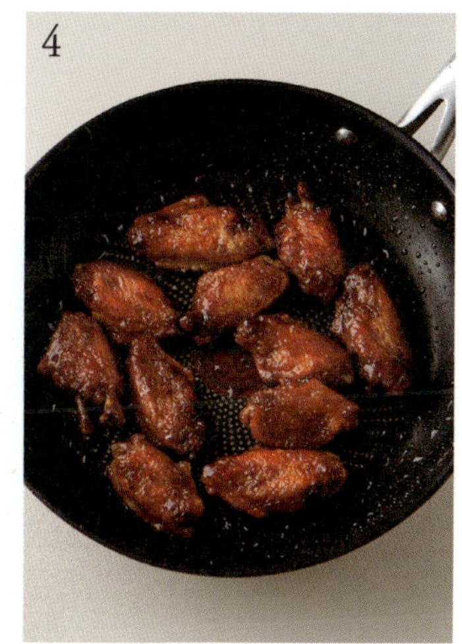

4인분 / 30분

- ☐ 닭 아랫날개 약 17개(600g)
- ☐ 감자전분 약간
- ☐ 식용유 2큰술

밑간

- ☐ 청주 1큰술
- ☐ 간장 1큰술

양념

- ☐ 설탕 1큰술
- ☐ 맛술 2큰술
- ☐ 간장 2큰술

How to Cook

1 볼에 양념 재료를 넣고 설탕이 녹을 때까지 섞는다.

2 용기나 비닐팩에 닭날개, 밑간 재료를 넣고 버무려 약 10분간 재운 후
전분을 넉넉히 뿌린다.

3 팬에 식용유를 두르고 중간 불에서 앞뒤로 노릇하게 굽는다.

4 팬에 남아 있는 여분의 기름을 키친타월로 제거하고
①을 넣은 후 양념이 자작해질 때까지 중강 불에서
앞뒤로 골고루 조린다.

닭날개튀김

手羽先唐揚げ

닭 아랫날개(手羽先, 테바사키)를 반건조시켜 튀김옷 없이 튀기는 요리로,
이자카야 인기 메뉴이다. 담백한 맛이라 깨식초소스(고마스소스)를 곁들인다.

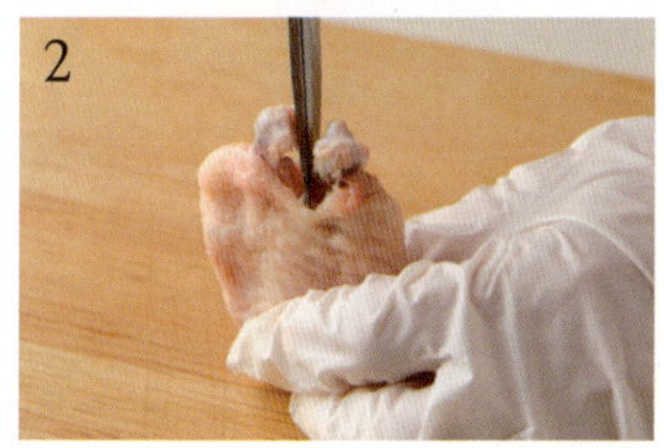

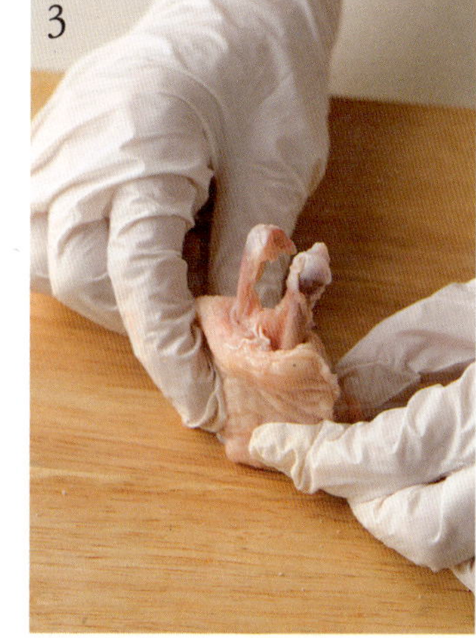

 4인분 / 30분
(+ 건조하기 12시간)

☐ 닭 아랫날개 약 14개(500g)

☐ 소금 약간

☐ 튀김용 식용유 적당량

고마스소스

☐ 네리고마 4큰술

☐ 설탕 1작은술

☐ 식초 1큰술

☐ 우스구치간장 1작은술

☐ 가쓰오부시 육수 약 2큰술
　　(35㎖, 23쪽)

How to Cook

1　볼에 고마스소스 재료를 넣고 설탕이 녹을 때까지 섞는다.

2　닭날개는 뼈와 뼈 사이에 칼집을 낸다.

3　뼈 일부가 나오도록 살을 바른다.

4　용기에 올려 소금을 뿌리고 채반에 올려 냉장실에서 하룻밤 표면을
　　살짝 말린다. 170℃(튀김 반죽이 바닥까지 가라앉았다가 2초 후 바로
　　떠오르는 정도)로 예열한 식용유에 ③을 넣고 중간 불에서 노릇하게
　　튀긴다. 그릇에 담고 ①의 고마스소스를 곁들인다.

⋯⋯⋯ 닭날개 표면을 말린 후 튀기면 담백하면서도 바삭한 식감이 더해진다.

카라아게
唐揚げ

치킨난방

チキン南蛮

카라아게

카라아게의 카라(から)는 아무것도 입히지
않거나 간단한 옷, 아게(揚げ)는 튀긴다는
의미로, 양념한 닭고기에 밀가루나
전분가루를 가볍게 입혀 튀겨내는 일본식
닭튀김이다. 간식, 도시락 반찬, 술안주로
이만한 것이 없다. 닭은 두 번 튀기는데
처음에는 짧게 튀긴 후 건져 여열로 익히고
두 번째 튀길 때 기름 온도를 높여 바삭하게
익힌다.

 4인분 / 40분

- ☐ 닭다리살 7쪽(700g)
- ☐ 감자전분 약간
- ☐ 박력분 약간
- ☐ 레몬 슬라이스 1~2조각
- ☐ 튀김용 식용유 적당량

양념

- ☐ 맛술 2큰술
- ☐ 청주 2큰술
- ☐ 간장 2큰술
- ☐ 다진 마늘 2큰술
- ☐ 다진 생강 1작은술
- ☐ 소금 2/3작은술
- ☐ 통후추 간 것 약간

1

2

3

How to Cook

1 닭다리살은 5~6cm 크기로 썬 후 용기나
비닐팩에 양념 재료와 함께 넣고 10분 이상
재운다.

2 ②에 박력분 → 전분 순으로 튀김옷을 뿌리고
골고루 입힌다.

.... 박력분은 튀김옷이 고기에 잘 붙게 하고,
전분은 바삭한 식감을 만들어 주기 때문에
두 가지를 함께 사용하면 겉은 바삭하고 속은 촉촉한
카라아게가 된다.

.... 박력분 대신 건식 쌀가루를 사용하면 좀 더 바삭하게
튀길 수 있지만 특유의 쌀가루 냄새가 난다.

3 160℃(튀김 반죽이 바닥까지 가라앉았다가
5초 후 바로 떠오르는 정도)로 예열한 식용유에
②를 넣고 살짝 노릇해질 때까지 약 2분간
튀긴 후 키친타월에 올려 기름을 뺀다.

.... 처음 튀길 때는 짧게 튀긴 후 여열로 익힌다.

4 180℃(튀김 반죽이 중간까지 가라앉았다가
2초 후 바로 떠오르는 정도)로 예열한 식용유에
③을 넣고 바삭해질 때까지 약 2분간 튀긴 후
키친타월에 올려 기름을 뺀다.
그릇에 담고 레몬 슬라이스를 곁들인다.

4

일본 규슈 남동쪽의 미야자키(宮崎)현에서
유래한 닭튀김 요리로, 튀긴 닭을 식초,
간장, 설탕 등으로 만든 달콤새콤한
난방즈(南蛮酢)소스에 담갔다 타르타르소스를
듬뿍 얹어 먹는다.

치킨난방

 **4인분 / 40분**

- ☐ 닭다리살 4쪽(400g)
- ☐ 감자전분 약간
- ☐ 소금 약간
- ☐ 통후추 간 것 약간
- ☐ 시판 타르타르소스 약간
- ☐ 튀김용 식용유 적당량

튀김 반죽

- ☐ 달걀 1개
- ☐ 박력분 1/2컵(50g)
- ☐ 물 2큰술

난방즈소스

- ☐ 설탕 2.3큰술
- ☐ 식초 3큰술
- ☐ 간장 3큰술
- ☐ 건고추 1/2개
- ☐ 편 썬 마늘 1쪽분

How to Cook

1 닭다리살은 평평하게 펼쳐 소금, 후추로 간을
한다.

2 냄비에 난방즈소스 재료를 모두 넣고
설탕이 녹을 때까지 중간 불에서 끓인 후 식힌다.

3 용기에 튀김 반죽 재료를 넣어 섞고
①을 담가 골고루 묻힌 후 전분을 뿌린다.
‥‥‥ 달걀물이 아닌 튀김 반죽을 사용하면 육즙이
겉으로 새어 나오지 않는다.

4 160℃(튀김 반죽이 바닥까지 가라앉았다가
5초 후 천천히 떠오르는 정도)로 예열한 식용유에
③을 넣고 2~3분간 튀긴다.

5 키친타월 위에 올려 기름을 빼면서 5분 정도
열이 골고루 퍼지도록 둔다. 180℃(튀김 반죽이
중간까지 가라앉았다가 2초 후 바로 떠오르는
정도)로 예열한 식용유에 다시 넣고 바삭하게
튀긴다.
‥‥‥ 두 번 튀겨 튀김옷을 딱딱하게 만들면 소스를 적셔도
덜 눅눅해진다.
‥‥‥ 처음에는 속을 익히기 위해 160℃에서 튀긴 후
180℃로 기름 온도를 높여 짧게 튀긴다.
이 과정에서 튀김옷의 남은 수분은 빠지고
겉은 건조되면서 바삭해진다.

6 적당한 두께로 썰어 그릇에 담고 난방즈소스를
끼얹은 후 타르타르소스를 올린다.
기호에 따라 채 썬 양배추(분량 외),
오이 슬라이스(분량 외)를 곁들인다.
‥‥‥ 일본에서는 촉촉한 식감을 위해 닭을 튀긴 후 통째로
소스에 한 번 담갔다가 써는 경우가 많다.

오코노미야키
お好み焼き

카쿠니

角煮

오코노미야키

오사카식 부침개로 이름 그대로
<u>오코노미</u>(お好み, 취향대로) + <u>야키</u>(焼き, 굽다),
즉 좋아하는 재료를 취향껏 넣어 구워먹는
요리이다. 얇게 부쳐내는 것이 아니기에
뚜껑을 덮고 속까지 익혀야 한다.

 **4인분 / 40분**

- [ ] 돼지고기 대패 삼겹살 12장(또는 베이컨)
- [ ] 새우 약 16마리(중하, 300g)
- [ ] 치쿠와 어묵 2개(생략 가능)
- [ ] 양배추 약 7장(200g)
- [ ] 달걀 2개
- [ ] 다진 생강 초절임 5큰술
- [ ] 대파(흰 부분) 1대
- [ ] 식용유 2큰술

반죽

- [ ] 박력분 200g
- [ ] 베이킹파우더 1/2작은술
- [ ] 마 간 것 2큰술
- [ ] 가쓰오부시 육수 1.4컵(280㎖, 23쪽)

토핑용 재료

- [ ] 오코노미야키소스 약간
- [ ] 마요네즈 약간
- [ ] 가쓰오부시 약간
- [ ] 송송 썬 쪽파 약간(또는 파래가루)

How to Cook

1 양배추, 새우, 치쿠와는 굵게 다지고,
대파는 얇게 송송 썬다.

.... 기호에 따라 다양한 재료로 응용 가능하다.

2 볼에 반죽 재료를 넣고 섞는다.

.... 마를 갈아 넣으면 반죽이 부드럽고 폭신해지며
촉촉한 식감이 만들어진다.

3 ②의 반죽에 ①, 달걀, 다진 생강 초절임을 넣고
섞는다.

4 팬에 식용유를 두르고 중간 불에서 반죽을
올린 후 반죽 위에 삼겹살을 3장씩 올린다.

5 ④의 테두리 부분이 희끗하게 익으면 뒤집은 후
뚜껑을 덮고 6~7분간 익힌다.

.... 반죽이 두껍기 때문에 뚜껑을 덮고 구워야
속까지 익는다.

6 다시 뒤집어 2~3분간 익힌 후
오코노미야키소스를 3번 바른다. 마요네즈,
송송 썬 쪽파를 올리고 그릇에 옮겨 담은 후
가쓰오부시를 올린다.

카쿠니

중국요리 동파육의 영향을 받은 일본식
돼지고기 요리로, 돼지고기를 네모난
덩어리(角, 카쿠)로 썰어 간장, 청주, 설탕을
넣고 조린다. 돼지고기를 압력솥에 익히기
전 먼저 구우면 여분의 기름이 빠지고
형태도 흐트러지지 않는다.

 **4인분 / 80분**

- ☐ 돼지고기 삼겹살 수육용 1kg
- ☐ 무 지름 10cm, 두께 3cm(300g)
- ☐ 우엉 지름 2cm, 길이 50cm(100g)
- ☐ 꽈리고추 8개
- ☐ 삶은 달걀 4개

양념

- ☐ 설탕 2큰술
- ☐ 맛술 4큰술
- ☐ 청주 3큰술
- ☐ 간장 5큰술
- ☐ 아와세미소 1/2작은술
- ☐ 대파 1대
- ☐ 생강 1톨
- ☐ 다시마 5×5cm 1~2장
- ☐ 물 3.75컵(750㎖)

1 무는 3cm 두께로 썬다. 우엉은 5cm 길이로 썬 후 길게 4등분한다.

······ 무는 그대로 사용해도 되지만, 모서리를 돌려 깎으면 익는 동안 부서지는 것을 막아 국물이 탁해지는 것을 방지할 수 있다.

2 삼겹살은 5cm 폭으로 썬다.

3 냄비에 쌀뜨물(분량 외), ①의 무를 넣고 중약 불에서 10~15분 정도 끓여 완전히 익힌다.

······ 쌀뜨물로 익히면 무의 아린 맛이 빠지고 쌀뜨물의 전분 성분으로 무가 덜 부스러진다.

······ 쌀뜨물이 없을 경우 쌀 한 꼬집을 넣으면 쌀뜨물과 동일한 효과를 낸다.

4 팬에 삼겹살을 넣고 중강 불에서 앞뒤로 뒤집어 가며 노릇하게 굽는다.

······ 고기를 압력솥에 삶기 전에 먼저 구우면 여분의 기름은 빠지고 익혔을 때 형태도 흐트러지지 않는다.

5 압력솥에 ④의 삼겹살, 우엉, 양념 재료를 넣고 센 불에 올려 추가 올라오면 약한 불로 줄여 30분간 끓인다.

······ 일반 냄비에서는 돼지고기가 부드러워지는 데 한계가 있기 때문에 추천하지 않는다.

6 ⑤의 육수를 따라내 차갑게 식힌 후 굳은 기름을 걷어낸다.

7 ⑤에 ③의 무, ⑥의 육수, 삶은 달걀, 꽈리고추를 넣은 후 뚜껑을 덮고 10분간 조린다.

······ 토핑으로 송송 썬 대파를 올려도 좋다.

야키교자

焼き餃子

야키(焼き)는 굽다, 교자(餃子)는 만두라는 뜻으로, 양배추와 다진 돼지고기가 메인이 되는
일본식 군만두이다. 일본식 군만두는 뒤집지 않기 때문에 구울 때 끓는 물을 넉넉히
넣고 뚜껑을 덮어 충분히 익혀야 한다. 이후 물을 버리고 다시 굽는 과정을 더해
속은 촉촉하고 바닥은 바삭하게 완성한다. 양배추 대신 알배추를 다져서 넣어도 좋다.

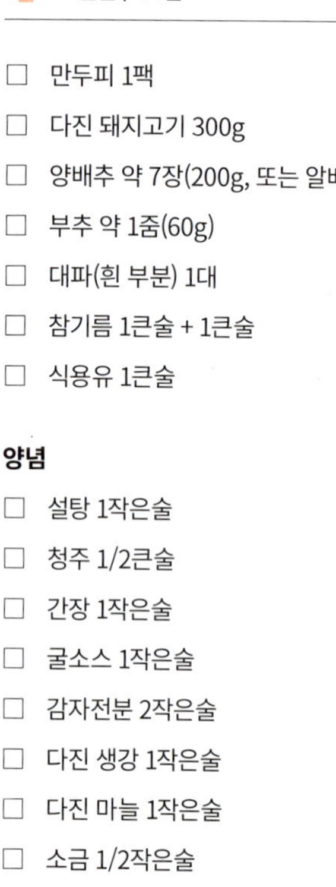 4인분 / 50분

- ☐ 만두피 1팩
- ☐ 다진 돼지고기 300g
- ☐ 양배추 약 7장(200g, 또는 알배추)
- ☐ 부추 약 1줌(60g)
- ☐ 대파(흰 부분) 1대
- ☐ 참기름 1큰술 + 1큰술
- ☐ 식용유 1큰술

양념

- ☐ 설탕 1작은술
- ☐ 청주 1/2큰술
- ☐ 간장 1작은술
- ☐ 굴소스 1작은술
- ☐ 감자전분 2작은술
- ☐ 다진 생강 1작은술
- ☐ 다진 마늘 1작은술
- ☐ 소금 1/2작은술
- ☐ 참기름 1작은술

🇯🇵 일본의 음식 이야기

라멘의 단짝, 교자

일본 라멘집에 가면 라멘 전문점인데도 교자를 함께
판매하는 모습이 낯설게 느껴질 수 있다. 그러나 라멘과
교자는 맛과 구성, 식문화가 잘 어우러진 대표적인 세트
메뉴이다. 짭짤하고 기름진 라멘에 고소하고 바삭한 교자를
곁들이면, 국물과 구이의 조합이 만들어내는 맛과 식감의
대비가 한층 더 돋보인다. 또한 라멘의 탄수화물과 교자의
단백질이 어우러져 한 끼 식사로도 균형을 이룬다.
세트로 주문하면 가격이 더 합리적인 경우도 많다.
라멘과 교자는 모두 중화요리에서 유래한 음식으로,
일본에서는 자연스럽게 함께 즐기는 대표적인 조합으로
자리 잡았다.

1
2
3
4
5
6
7
8
9

How to Cook

1   양배추, 부추, 대파는 곱게 다진다.

2   볼에 다진 돼지고기, 양념 재료의 소금을 넣고 치댄다.

3   ②의 고기가 희끗하게 변하면 나머지 양념 재료, ①을 넣고 섞는다.

4   만두피에 ③의 반죽을 적당량 올리고 테두리에 물을 바른 후 속으로
     반죽을 넣으면서 반으로 접는다.

5   만두피 한쪽 면만 주름을 잡는다.

6   만두 양끝을 살짝 휘어지게 모양을 만든다.

7   팬에 참기름(1큰술), 식용유를 두르고 ⑥의 만두를 올린 후
     중강 불에서 1분간 굽는다. 만두의 1/3 높이 정도까지 끓는 물을 넣고
     뚜껑을 덮은 후 3분간 중강 불에서 끓인다.
     ⋯⋯ 참기름은 고소한 향을 더할 수 있지만 발연점이 낮아 타기 쉽기 때문에
     발연점이 높은 식용유와 함께 사용한다.

8   ⑦의 남은 물을 버리고 만두 위에 참기름(1큰술)을 끼얹은 후 다시 뚜껑을 덮고
     중간 불로 줄여 2분간 굽는다.
     ⋯⋯ 마지막에 참기름을 넣으면 고소한 향이 한층 더 진해지면서 교자의 풍미가 좋아진다.

9   뚜껑을 열고 중강 불로 올려 1분간 구운 후 구운 바닥 면이 위를 향하도록
     그릇을 뒤집어 담는다.
     ⋯⋯ 팬보다 큰 그릇을 사용하면 뒤집기가 한결 수월해진다.

츠쿠네·타타키큐리
つくね·たたききゅうり

야미츠키 양배추

やみつきキャベツ

츠쿠네

닭고기 완자구이로, 다진 닭고기로만
만들어도 되지만 식감을 위해 닭 연골을
다져 함께 넣는다.

 4인분 / 30분

- ☐ 달걀노른자 4개분
- ☐ 다진 쪽파 약간(생략 가능)
- ☐ 식용유 1~2큰술

반죽

- ☐ 다진 닭다리살 4쪽분(또는
  다른 부위의 다진 닭고기, 400g)
- ☐ 다진 닭 연골 120g
- ☐ 다진 대파(흰 부분) 2대분
- ☐ 달걀흰자 2개분
- ☐ 다진 생강 1작은술
- ☐ 건식 빵가루 4큰술
- ☐ 감자전분 2큰술
- ☐ 소금 1/2작은술
- ☐ 통후추 간 것 약간

소스

- ☐ 설탕 1큰술
- ☐ 맛술 2큰술
- ☐ 간장 2큰술
- ☐ 물 3큰술

1

2

3

How to Cook

1 볼에 반죽 재료를 모두 넣고 찰기가 생길 때까지 치댄다.

...... 닭 연골은 식감을 위해 사용하는 것이 좋지만 없을 경우 분량만큼 닭다리살 또는 다른 부위의 닭고기로 대체 가능하다.

2 다른 볼에 소스 재료를 넣고 설탕이 녹을 때까지 섞는다.

3 ①의 반죽을 완자 모양으로 빚는다.

...... 쉽게 달라붙기 때문에 용기에 박력분(분량 외)을 뿌린 후 반죽을 올리면 나중에 떼어내기 편하다.

4 팬에 식용유를 두르고 ③을 올려 중간 불에서 한 면을 노릇하게 구운 후 뒤집고 뚜껑을 덮어 1분 30초~2분간 굽는다.

5 키친타월로 팬의 기름을 닦고 ②의 소스를 넣은 후 중간 불에서 앞뒤로 뒤집어 가며 소스가 자작해질 때까지 조린다. 그릇에 담고 다진 쪽파를 올린 후 달걀노른자를 곁들여 찍어 먹는다.

...... 꼬치에 꽂아 내도 좋다.

타타키큐리

타타키(たたき)는 두드리다, 큐리(きゅうり)는 오이를
뜻하며, 방망이로 오이를 두드려 만든다. 간장과 식초가
많이 들어가기에 미리 만들어 두는 것보다 즉석에서 만들어야
물이 생기지 않고 식감도 아삭하다.

4인분 / 30분

☐ 오이 3개

양념

☐ 설탕 2/3큰술

☐ 식초 1/4컵(50㎖)

☐ 간장 1/4컵(50㎖)

☐ 다진 생강 1/3작은술

☐ 다진 홍고추 1/3개분(또는 건고추)

☐ 참기름 1/2작은술

How to Cook

1 비닐팩에 오이를 넣고 밀대로 두드려 먹기 좋은 크기로 부순다.

2 볼에 양념 재료를 넣고 설탕이 녹을 때까지 섞는다.

3 ①에 ②의 양념을 넣고 섞은 후 냉장실에서 20~30분 정도
차갑게 식힌다.

야미츠키 양배추

야미츠키(やみつき)는 중독되다는 뜻으로,
우리나라 말로 풀면 '마약 양배추' 정도의 의미이다.
한번 손대면 멈출 수 없는 매력을 지녔다.

4인분 / 10분

- ☐ 양배추 약 9장(260g)
- ☐ 시오콘부 3꼬집
- ☐ 치킨파우더 2/3작은술
- ☐ 다진 마늘 1/2작은술
- ☐ 참기름 2작은술
- ☐ 통깨 적당량

How to Cook

1 양배추는 손으로 한입 크기로 뜯는다.

2 비닐팩에 양배추를 제외한 나머지 재료를 넣고 잘 섞은 후
①의 양배추를 넣고 흔들어 섞는다.

.... 미리 만들어 두면 양배추에서 물이 나오기 때문에 먹기 직전에 섞는 것이 좋다.

양배추 롤
ロールキャベツ

스키야키
すき焼き

구운 밤밥
焼き栗ご飯

도빙무시
土瓶蒸し

일식으로 차린 쉬운데 폼나는
초대요리

손님을 초대할 때마다 저는 일본어 표현 하나를 떠올립니다. '오모테나시(おもてなし)'. 겉치레가 아닌 마음에서 우러난 환대, 상대가 말하지 않아도 필요를 먼저 헤아려 준비하는 태도라는 뜻입니다. 요리를 잘 차려 보이겠다는 욕심보다, 이 식탁이 누군가에게 편안한 시간이 되기를 바라는 마음에 더 가깝습니다. 하지만 환대의 마음이 곧 어려운 요리를 의미하지는 않습니다. 정성이 꼭 복잡한 기술에서만 나오는 것도 아니고요. 재료를 고르고, 순서를 정하고, 먹는 사람의 속도와 취향을 한 번쯤 생각해보는 것만으로도 식탁은 이미 오모테나시에 가까워집니다.

도빙무시는 제가 오모테나시를 가장 또렷하게 느낀 요리입니다. 일본 요리학교 수업에서 가을이 되어 송이버섯을 넣은 도빙무시를 배웠는데, 전용 주전자에 은근히 쪄내는 조리법과 단정한 담음새도 인상적이었지만 무엇보다 시원하면서 향긋한 맛이 마음을 사로잡았습니다. 배웠던 메뉴 중 가장 좋아하는 요리가 되었고, 그래서 가을이 오면 저는 꼭 손님상에 도빙무시를 올립니다.

저는 수업에서 늘 고민합니다. 보기에는 근사하지만 만드는 법은 까다롭지 않을 것, 준비하는 사람도 지치지 않을 것, 그리고 무엇보다 먹는 사람이 편안할 것. 그래서 이 챕터의 레시피들은 오모테나시를 마음에 두되 집에서도 충분히 따라 할 수 있는 방식으로 정리했습니다. 특별한 날을 위한 상차림이지만 요리하는 사람의 어깨는 가볍게, 식탁의 분위기는 따뜻하게. 그것이 제가 생각하는 초대요리의 얼굴입니다.

초대요리 세트①

招待料理セット

❶ **스키야키** 266쪽
❷ **쿠시아게** 268쪽
❸ **참깨드레싱 샐러드** 270쪽

스키야키

すき焼き

얇게 썬 소고기를 와리시타(割り下)라고
하는 달콤 짭짤한 스키야키 전용소스에
채소, 두부와 함께 끓여 날달걀에 찍어 먹는
일본식 전골 요리이다.
스키야키는 고기를 가볍고 부드럽게
익힌다. 스키야키에 들어가는 재료는
계절에 따라 다양한 채소를 기호에 따라
넣어도 좋다. 또한 스키야키용
고기가 없을 경우
불고기용으로
대체해도 된다.

🥣 4인분 / 30분

☐ 소고기 등심 400g
　　(또는 채끝, 두께 0.5cm)

☐ 두부 1모

☐ 양파 1개(200g)

☐ 쑥갓 2줌(100g)

☐ 알배추 약 1/10통
　　(100g)

☐ 표고버섯 2개

☐ 대파(흰 부분) 1대

☐ 실곤약 1/2봉(100g)

☐ 장식용 당근 약간

**와리시타소스_완성분량
약 2컵**

☐ 설탕 약 1.7큰술(20g)

☐ 맛술 4큰술(60㎖)

☐ 청주 2/5컵(80㎖)

☐ 간장 2/5컵(80㎖)

☐ 대파(푸른 부분) 1대

☐ 편 썬 마늘 1쪽분

☐ 다시마 5×5cm 1장

☐ 물 1컵(200㎖)

How to Cook

1 냄비에 소스 재료를 모두 넣고 중약 불에 올려
끓기 시작하면 약한 불로 줄여 5분간 끓인다.

2 ①을 완전히 식힌 후 체에 거른다.

3 양파는 채 썰고, 쑥갓은 5cm 길이로 썬다.
알배추는 한입 크기로 썰고, 대파는 어슷 썬다.
표고버섯은 칼집을 넣어 모양을 낸다.
당근은 쿠키커터로 모양을 찍는다.

4 두부는 1cm 두께의 한입 크기로 썬다.
끓는 물에 실곤약을 넣고 30초간 데친 후
찬물에 헹구고 체에 밭쳐 물기를 뺀다.
...... 곤약은 끓는 물에 데쳐야 특유의 냄새가 제거되고
양념도 잘 밴다.

5 냄비에 소고기, ③, ④를 담고 ②의 소스를 넣은
후 불에 올려 익힌다. 볼에 달걀(분량 외)을 풀어
찍어 먹는다.
...... 소고기는 지방이 있는 부위가 맛있다.
...... 다 먹고 남은 국물에 삶은 우동을 곁들이거나
남은 달걀과 밥을 넣고 죽처럼 끓여도 좋다.

Chef's Note

✿ 동경을 중심으로 한 간토 지역에서는
와리시타와 재료를 함께 끓여 먹는 전골 스타일의
스키야키, 오사카를 중심으로 한 간사이
지역에서는 달군 팬에 소기름(또는 식용유)을
바르고 파와 소고기를 구운 후 설탕, 간장으로
간을 하는 스키야키를 주로 먹는다.

쿠시아게

串揚げ

다양한 재료를 산적 꼬치(串, 쿠시)에
꽂아 튀겨 먹는 오사카 요리이다.
튀김용 재료는 기호에 따라 다양한 채소나
생선, 고기 등을 선택할 수 있으며, 튀김옷을
입히기 전 충분히 물기를 제거해야 한다.
쿠시아게는 보통 식탁 위에
튀김 냄비를 올려 개개인이 즉석에서
튀겨먹기 때문에
미니 튀김 냄비가
있으면 좋다.

 4인분 / 30분

□ 튀김용 재료 약간(새우,
　소고기 안심, 표고버섯,
　양송이버섯, 단호박,
　아스파라거스, 연근 등)

□ 박력분 약간

□ 건식 빵가루 약간

□ 튀김용 식용유 적당량

튀김 반죽_1~2회분

□ 달걀 3개

□ 우유 5/8컵(125mℓ)

□ 박력분 175g

□ 소금 2꼬집

□ 청주 1/2큰술

□ 설탕 3g

소스_3~4회분

□ 설탕 1/2큰술

□ 토마토케첩 1작은술

□ 우스터소스 5큰술
　(75mℓ)

□ 돈까스소스 1.3작은술

□ 물 3큰술(45mℓ)

How to Cook

1 튀김용 재료는 키친타월로 물기를 잘 닦고
한입 크기로 썬 후 꼬치에 꽂는다.

...... 오징어, 조개관자, 흰살생선 필렛 등의 해산물 이외에도
꽈리고추 등 다양한 재료로 응용 가능하다.

2 볼에 소스 재료를 모두 넣고 중간 불에서
한소끔 끓인 후 식힌다.

3 ①의 재료에 박력분을 골고루 뿌린다.

4 볼에 튀김 반죽 재료를 넣고 거품기로 섞는다.

5 ③의 꼬치를 ④의 반죽 → 빵가루 순으로 입힌다.

6 170℃(튀김 반죽이 바닥까지 가라앉았다가
2초 후 바로 떠오르는 정도)로 예열한 식용유에
넣고 중간 불에서 노릇하게 튀긴다.
소스를 곁들인다.

...... 기호에 따라 유즈코쇼나 소금을 곁들여도 좋다.
...... 남은 소스는 2주간 냉장 보관 가능하다.

참깨드레싱 샐러드
胡麻ドレッシングサラダ

참깨(胡麻, 고마)를 베이스로 한
일본식 깨소스 드레싱이다.
샐러드용 채소나 쑥갓, 양파 등도
잘 어울린다.

 4인분 / 30분

□ 돼지고기 대패 삼겹살 250g

□ 오이 1개(200g)

□ 당근 1/2개(100g)

□ 양상추 1/4통(100g)

참깨드레싱_1~2회분

□ 설탕 3큰술

□ 식초 2.5큰술

□ 간장 2작은술

□ 네리고마 2큰술

□ 통깨 간 것 2작은술

□ 포도씨유 1.5큰술(또는 향 없는 식용유)

□ 참기름 1작은술

□ 소금 1.5작은술

□ 물 3큰술

1

2

How to Cook

1 볼에 참깨드레싱 재료를 모두 넣고 섞는다.

2 양상추는 한입 크기로 뜯고, 당근은 채 썬다.
오이는 길이로 2등분한 후 반달모양으로
어슷 썬다.
.... 샐러드용 채소나 쑥갓, 양파 등도 잘 어울린다.

3 끓는 물(5컵)에 청주(1큰술, 분량 외)를 넣는다.

4 ③에 돼지고기를 넣고 핏기가 사라질 때까지
데친다. 그릇에 ②의 채소, 데친 돼지고기를
올리고 ①의 드레싱을 뿌린다.

초대요리 세트②

招待料理セット

구운 밤밥 焼き栗ご飯

토치로 은은하게 불향을 입혀 구운 밤(栗, 쿠리)에 찹쌀, 쌀을 넣고 지은 솥밥으로,
송이버섯밥(松茸ご飯, 마츠타케고항)과 함께 일본의 가을을 대표하는 밥 요리이다.
구운 밤을 사용하면 밤의 단맛과 향이 더 강해진다. 데친 은행을 한 줌 정도 뜸 들일 때 더해도 좋다.

 **4인분 / 30분(+ 쌀 불리기 30분)**

- ☐ 쌀 2컵(320g)
- ☐ 찹쌀 1/2컵(160g)
- ☐ 깐 밤 150g
- ☐ 청주 1큰술
- ☐ 다시마 5×5cm 1장
- ☐ 소금 2/3작은술
- ☐ 물 2.5컵(425㎖)

How to Cook

1 쌀과 찹쌀은 씻어서 30분간 체에 밭쳐 물기를 뺀다.

……… 전기밥솥용 계량컵 기준 2컵이다. 일반 계량컵일 경우 1컵은 170㎖이다.

……… 쌀을 체에 밭쳐 불리면 쌀의 수분 흡수가 균일해져 밥을 지었을 때 고르게 익고
식감도 더 좋아진다.

2 밤은 그릴이나 토치를 이용해 표면을 굽는다.

……… 밤을 구워 넣으면 밥을 지었을 때 불향이 은은하게 밴다.

3 냄비에 ①의 쌀, ②의 밤, 청주, 다시마, 소금, 물을 넣는다. 뚜껑을 덮고
중간 불에서 끓어오르면 10~12분, 불을 끄고 20분간 뜸을 들인다.

……… 물의 양은 쌀 기준 1 : 1의 비율로 넣으며, 물은 전기밥솥용 계량컵 기준
(1컵 170㎖)이다. 전기밥솥일 경우 백미취사모드로 밥을 짓는다.

……… 밥을 지을 때 다시마를 넣으면 소금만으로 부족한 감칠맛을 더할 수 있다.

……… 깐 밤은 포장을 벗겼을 때 냄새가 나는 경우가 많아 잡내제거용으로 청주를 넣는다.

새우아라레튀김 海老あられ揚げ

아라레(あられ)는 우박이란 뜻으로 쌀과자의 일종이다. 요리에서 고명으로
쓰기도 하나 여기서는 튀김옷으로 사용해 바삭한 식감과 알록달록한 색감을 한층
살렸다. 아라레를 새우에 묻힐 때 손으로 누르면 잘 벗겨지므로 용기에 아라레를 넉넉히 담고
그 위에 새우를 굴려 옷을 입힌다.

🥢 4인분 / 30분

- ☐ 대하 새우 8마리
- ☐ 박력분 약간
- ☐ 오색 아라레 약간
- ☐ 튀김용 식용유 적당량

튀김 반죽_약 2회분

- ☐ 박력분 80g
- ☐ 달걀 1개
- ☐ 찬물 약 2/3컵(130㎖)

How to Cook

1 새우는 손질한 후 박력분(약간)을 골고루 묻히고 여분의 가루를
털어낸다.

······ 새우 손질법은 에비후라이(174쪽) 과정 ①~④를 참고한다.

2 볼에 튀김 반죽의 찬물, 달걀을 넣고 완전히 잘 푼다.
박력분(80g)을 체 쳐 넣고 젓가락으로 가볍게 섞는다.

······ 흰자 알끈이 남아있으면 튀겼을 때 덜 바삭하다.

3 ①의 새우를 ②의 튀김 반죽에 담갔다가 아라레 위에 올리고
굴려서 표면에 골고루 묻힌다. 170℃(튀김 반죽이 바닥까지
가라앉았다가 2초 후 바로 떠오르는 정도)로 예열한 식용유에 넣고
중간 불에서 2~3분간 바삭하게 튀긴다.

······ 손으로 누르면 벗겨지므로 용기에 아라레를 넉넉히 담고 그 위에 새우를
굴려 옷을 입힌다. 아라레는 온라인몰에서 구입 가능하다.

도빙무시
土瓶蒸し

송이버섯이 제철인 가을이 되면
주전자 모양의 도자기 냄비(土瓶)에 송이버섯과
하모(갯장어) 등의 재료를 넣고 찌듯이 익혀
먹는 국물요리이다. 직화로 익히기보다는
쪄서 은은하게 향을 내는 것이 포인트. 만약
찌지 않고 석쇠 등에 올려 직화로 끓일 경우
끓자마자 바로 불에서 내린다. 도빙무시의
가장 보편적인 조합은 송이버섯과 하모이나
이외에도 새우, 횟감용
흰살생선, 닭안심도
잘 어울린다.

 4인분 / 30분

- ☐ 닭안심 60g
- ☐ 대하 새우 4마리
- ☐ 송이버섯 2~3개(또는 다른 버섯)
- ☐ 은행 8알
- ☐ 참나물 4줄기
- ☐ 영귤 1개(또는 유자, 생략 가능)
- ☐ 소금 약간

육수

- ☐ 맛술 1큰술
- ☐ 청주 2큰술
- ☐ 우스구치간장 2작은술
- ☐ 가쓰오부시 육수 3컵(600㎖, 23쪽)
- ☐ 소금 2/3작은술

How to Cook

1 냄비에 육수 재료를 모두 넣고 중간 불에서
끓어오르면 한소끔 끓인다.

2 송이버섯은 물을 묻힌 키친타월로 불순물을 닦고
길이로 얇게 썬다. 참나물은 3cm 길이로 썰고,
영귤은 반으로 썬다.
.... 껍질 있는 새우는 머리와 껍질, 내장을 제거한다.

3 닭안심은 3cm 크기로 썬 후 소금(약간)으로
밑간한다.

4 끓는 물에 ③을 넣고 1분간 데친다.

5 도빙무시 주전자에 새우, 송이버섯, 은행,
①의 육수, ④의 닭안심을 넣는다.
.... 도빙무시 주전자가 없다면 전골처럼 냄비에 넣고
한소끔만 끓인다.

6 김 오른 찜기에 도빙무시 주전자 그대로 넣고
찜기 뚜껑을 덮어 센 불에서 12~14분간 찐다.
먹기 전에 참나물을 넣고 먼저 국물을 음미한 후
기호에 따라 영귤을 짜서 즙을 넣는다.

호바야키

朴葉焼き

말린 목련잎(朴葉, 호바)에 달콤한 미소소스와
고기, 채소 등을 올려 석쇠에 구워 먹는
기후(岐阜)현 히다(飛驒) 지방의
향토 요리이다. 목련잎은 석쇠 위에 올려
굽기 때문에 사용 전 찬물에 불려야 타지
않는다. 개인 화로에 각자 구워 먹는 재미와
함께 목련잎의 은은한
향과 구수한 풍미를
느낄 수 있다.

🥣 4인분 / 20분(+ 목련잎 불리기 10분)

- ☐ 소고기 400g
  (구이용, 또는 돼지고기 항정살, 연어 등)
- ☐ 표고버섯 4개
- ☐ 느타리버섯 50g(또는 다른 버섯)
- ☐ 은행 8알
- ☐ 건목련잎 4장

호바미소소스_1~2회분

- ☐ 설탕 2큰술
- ☐ 맛술 4작은술
- ☐ 청주 2큰술
- ☐ 아와세미소 4큰술
- ☐ 마요네즈 2작은술
- ☐ 다진 대파 2큰술
- ☐ 다진 생강 1작은술
- ☐ 가쓰오부시 육수 4큰술(23쪽)

1

2

3

How to Cook

1 목련잎은 찬물에 10분 이상 담가둔다.

········ 석쇠에 올려 굽기 때문에 사용 전에 물에 적셔야
타지 않는다.

········ 인터넷에서 목련잎 또는 건목련잎, 호바, 호우바 등으로
검색해서 구입할 수 있다.

2 냄비에 소스의 모든 재료를 넣고 잘 섞은 후
약한 불에 올려 끓기 시작하면 저어가며
3~4분간 조린다.

3 느타리버섯은 밑동을 제거하고 가닥가닥 뜯는다.
표고버섯은 모양대로 썬다.

4 소고기는 한입 크기로 썬다.

5 은행은 끓는 물에 1분간 데친 후 꼬치에 꽂는다.

6 ①의 목련잎에 ②의 소스를 바르고 그 위에
③, ④, ⑤를 올린다. 미니 화로에 석쇠 → 포일 →
목련잎 순으로 올리고 각자 구워 먹는다.

Chef's Note

✿ 호바야키에 사용하는 목련잎은 일본 목련나무의
잎으로, 20~40cm 정도로 매우 크다.
잎이 두꺼워 숯불이나 화로 위에서도
비교적 잘 견디고, 구울 때
은은한 풀 향과 나무 향이
음식에 배어든다.

초대요리 세트 ③
招待料理セット

1
2
4
3

무포타주
大根ポタージュ

교토에 여행을 갔을 때 비건 식당에서
우연히 먹고 반한, 무로 만든 일본식
수프이다. 당시에는 무와 일본식 감주를
이용한 비건 요리였지만, 책에서는
감칠맛이 더 필요할 것 같아 닭 육수를
넣었다. 일반적인 수프는 밀가루로 농도를
조절하지만 이 포타주는 쌀로 농도를 잡아
속이 편안한 요리로
완성했다.

 **4인분 / 30분**

- ☐ 무 지름 10cm, 두께 2cm(200g)
- ☐ 양파 1/4개(50g)
- ☐ 닭 육수 1컵(200㎖, 24쪽)
- ☐ 우유 1/2컵(100㎖)
- ☐ 쌀 1작은술
- ☐ 올리브유 1~2큰술
- ☐ 소금 약간
- ☐ 통후추 간 것 약간

How to Cook

1   무는 1cm 두께로 납작하게 썰고, 양파는 채 썬다.

2   냄비에 쌀뜨물(분량 외), ①의 무를 넣고
중간 불에서 10분 정도 끓여 완전히 익힌 후
물에 헹군다.

····· 쌀뜨물로 익히면 무의 아린 맛이 빠진다.

····· 쌀뜨물이 없을 경우 쌀 한 꼬집을 넣으면 쌀뜨물과
동일한 효과를 낸다.

3   냄비에 올리브유를 두르고 양파를 넣어
중간 불에서 투명해질 때까지 볶는다.

4   ②의 무를 넣어 2분간 볶는다. 육수, 쌀을 넣은 후
뚜껑을 덮고 약한 불에서 10분간 끓인다.

····· 밀가루 대신 쌀을 넣어 걸쭉한 농도를 조절한다.

····· 닭 육수 대신 물이나 채소육수를 넣으면 비건 수프로
완성할 수 있다.

····· 닭 육수는 물 1컵(200㎖)에 치킨파우더 1작은술 또는
액상치킨스톡(하림) 1작은술의 비율로 대체 가능하다.

5   믹서에 ④를 넣어 곱게 간다. 다시 냄비에 되돌려
넣고 우유를 넣는다. 약한 불에서 한소끔 끓인 후
소금, 후추로 간을 한다.

함바그
ハンバーグ

일본식 햄버거 스테이크로 일본 경양식의
대표적 요리이다. 함바그는 구우면서
중간 부분이 부풀어 오르기 때문에 모양을
만들 때 가운데 부분에 홈을 낸다.
또한 속까지 익히기 위해 뚜껑을 덮고 굽는다.
습식 빵가루가 없는 경우
건식 빵가루로
대체해도 좋다.

4인분 / 40분

- [ ] 무염버터 10g + 10g
- [ ] 식용유 1큰술
- [ ] 파슬리가루 약간
  (생략 가능)

함바그 반죽

- [ ] 다진 소고기 300g
- [ ] 다진 돼지고기 200g
- [ ] 달걀 1개
- [ ] 다진 양파 1/2개분
  (100g)
- [ ] 습식 빵가루 30g
  (또는 건식 빵가루 15g)
- [ ] 넛맥파우더 약간
- [ ] 다진 마늘 1작은술

- [ ] 우유 1/2컵(100㎖)
- [ ] 소금 1작은술
- [ ] 통후추 간 것 약간

스테이크소스

- [ ] 데미그라스소스 120g
- [ ] 레드와인 1/2컵
  (100㎖)
- [ ] 우스터소스 1작은술
- [ ] 홀그레인머스터드
  1작은술
- [ ] 토마토케첩 2큰술
- [ ] 차가운 무염버터 1큰술
- [ ] 소금 약간
- [ ] 통후추 간 것 약간

1

2

3

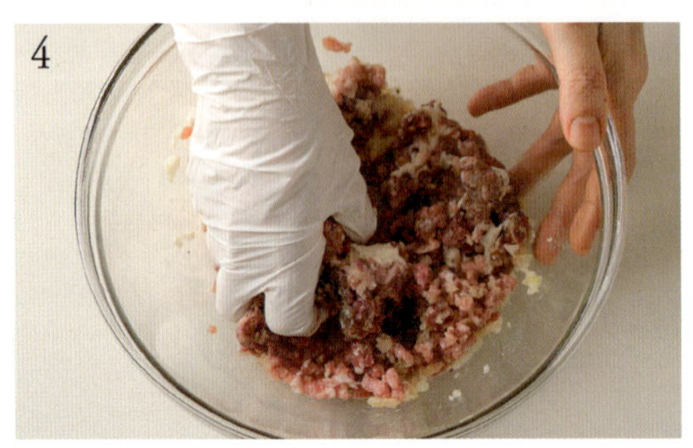

4

How to Cook

1 볼에 빵가루, 우유를 넣고 5분간 재운다.

   ……… 우유에 재운 빵가루를 넣으면 고기만 사용하는 것보다
   훨씬 부드럽고 촉촉하면서 반죽도 잘 뭉쳐진다.

2 팬에 버터(10g), 다진 양파를 넣어 중간 불에서
   투명해질 때까지 볶은 후 소금, 후추로 간을 하고
   용기에 덜어 완전히 식힌다.

3 볼에 ①, ②, 나머지 함바그 반죽 재료를
   모두 넣는다.

4 찰기가 생길 때까지 손으로 치댄다.

5 반죽을 4등분해서 동글납작하게 모양을 빚는다.

   ……… 구울 때 가운데가 부풀어 오르기 때문에 가운데
   부분을 눌러 움푹 들어가게 성형해야 한다.

6 팬에 버터(10g), 식용유를 두르고 ⑤를 올려
   중약 불에서 뚜껑을 덮고 4분 정도 한쪽 면을
   노릇하게 굽는다. 뒤집어 다시 뚜껑을 덮고
   중약 불에서 4분 정도 더 익히고 불을 끈 후
   5분간 뜸을 들인다.

   ……… 속까지 완전히 익히기 위해 뚜껑을 덮고 충분히
   구워야 한다.

7 ⑥을 덜어두고 팬에 데미그라스소스, 레드와인을
   넣어 1~2분 정도 센 불에서 끓이면서 알코올을
   날린다. 버터를 제외한 나머지 스테이크소스
   재료를 모두 넣고 약한 불에서 살짝 걸쭉해질
   때까지 끓인 후 차가운 버터(1큰술)를 넣어
   녹인다. 그릇에 ⑥의 함바그를 담고 소스를
   끼얹은 후 파슬리가루를 뿌린다.

   ……… 마지막에 차가운 버터를 넣으면 소스에 윤기와 농도가
   생기고 버터의 고소한 풍미가 더해져 맛이 깊어진다.

양배추 롤
ロールキャベツ

다진 고기를 양배추로 말아 뭉근하게
익힌 경양식 메뉴로, 동유럽 요리인
캐비지 롤(Cabbage roll)이 일본에 들어와
변형되었다. 엄마가 해주는 따뜻한 가정식
느낌이 특히 강한 요리이다. 양배추를 말 때
꼬치를 꽂지 않고 양배추잎 끝을 만 사이에
끼워 고정시킨다.

 4인분 / 50분

- 양배추 1/2통
- 닭 육수 3컵
  (600㎖, 24쪽)
- 무염버터 20g
- 식용유 1큰술
- 소금 약간
- 통후추 간 것 약간

반죽

- 다진 소고기 250g
- 다진 돼지고기 250g
- 달걀노른자 1개분
- 다진 양파 약 1개분
  (180g)
- 다진 당근 1/2개분
  (100g)
- 넛맥파우더 약간
- 토마토케첩 1큰술
- 감자전분 1큰술
- 건식 빵가루 1/3컵
  (약 20g)
- 소금 1작은술
- 통후추 간 것 약간

How to Cook

1 팬에 버터, 식용유를 두르고 다진 양파,
다진 당근을 넣어 중간 불에서 숨이 죽을 때까지
볶은 후 용기에 덜어 식힌다.

2 양배추의 두꺼운 심을 칼로 잘라낸다.
.... 두꺼운 심은 말 때 꺾여서 모양을 잡기 힘들다.

3 끓는 물에 양배추잎을 넣고 5분간 데친 후
체에 밭쳐 식힌다.

4 볼에 ①, 나머지 반죽 재료를 모두 넣고
찰기가 생길 때까지 손으로 치댄다.

5 ③의 양배추잎에 ④의 반죽을 올리고 한쪽 면만
접은 후 단단하게 돌돌 만다.
.... 양배추잎은 되도록 큰 것을 사용한다.

6 옆으로 세워 남아있는 양배추 한쪽 면을
돌려가며 가운데로 집어 넣는다.
.... 보통은 꼬치 등으로 고정하지만 이렇게 가운데로
집어 넣으면 풀리지 않는다.

7 끝부분을 가운데 깊숙이 넣는다.

8 냄비에 ⑦을 가지런히 넣고 닭 육수를 넣어
약한 불에서 끓어오르면 뚜껑을 덮고 약 30분간
끓인다. 소금(약간), 후추(약간)로 간을 하고
그릇에 육수와 함께 담는다.
.... 닭 육수는 물 1컵(200㎖)에 치킨파우더 1작은술 또는
액상치킨스톡(하림) 1작은술의 비율로 대체 가능하다.
.... 토마토 다이스나 파슬리가루를 뿌려도 좋다.

에비카츠
エビカツ

통새우를 그대로 튀겨낸 새우 커틀릿이다.
새우는 물기를 잘 제거하고 튀김옷을
입혀야 벗겨지지 않는다.

 **4인분 / 20분**

- ☐ 대하 새우 12마리
- ☐ 박력분 약간
- ☐ 건식 빵가루 약간
- ☐ 채 썬 양배추 약간(생략 가능)
- ☐ 시판 타르타르소스 약간
- ☐ 튀김용 식용유 적당량

튀김 반죽

- ☐ 박력분 30g
- ☐ 달걀 1개
- ☐ 물 약 1.3큰술(20㎖)

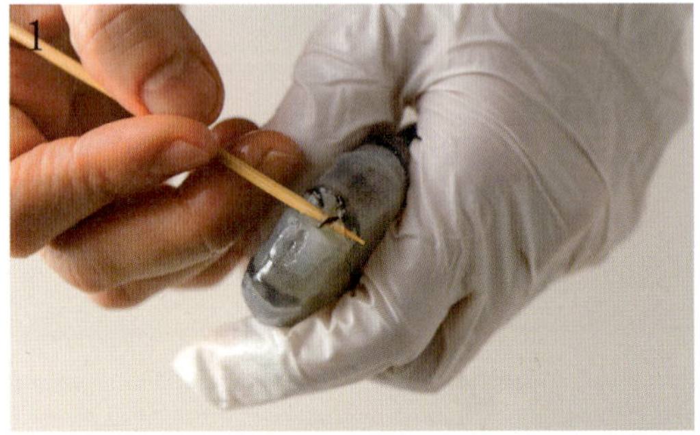

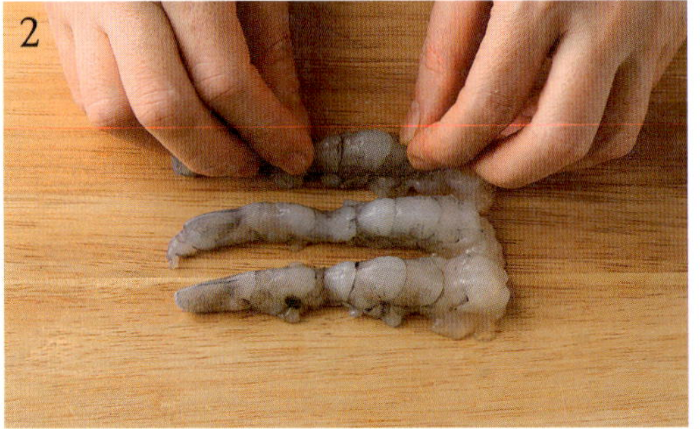

How to Cook

1   새우는 머리, 껍질을 벗기고 내장을 제거한다.

2   새우의 배쪽 관절에 2~3군데 칼집을 넣고
양손으로 새우 몸통을 꾹꾹 누르면서 관절을
끊는다.
.... 관절을 끊어야 튀겼을 때 휘어지지 않는다.

3   새우를 3마리씩 나란히 놓고 꼬치를
두 군데 꽂아 새우끼리 고정한다.

4   ③의 새우에 박력분을 골고루 뿌린 후
여분의 가루를 털어낸다.

5   볼에 튀김 반죽 재료를 넣고 잘 섞는다.

6   ④의 새우를 ⑤의 튀김 반죽 → 빵가루 순으로
튀김옷을 입힌다.

7   170℃(튀김 반죽이 바닥까지 가라앉았다가
2초 후 바로 떠오르는 정도)로 예열한 식용유에
넣고 중간 불에서 3분간 바삭하게 튀긴다.
반으로 썰어 그릇에 담고 채 썬 양배추,
타르타르소스를 곁들인다.

초대요리 세트④

招待料理セット

도미차즈케 鯛茶漬け

도미회를 깨소스에 버무려 먹고 남은 도미회에 다시 육수를 부어 먹는
오차즈케(お茶漬け) 요리이다. 깨소스의 네리고마는 기름 함량이 높기 때문에 한꺼번에
재료를 넣고 섞으면 분리되기 쉽다. 조금씩 넣어가며 섞어 분리되지 않도록 한다.

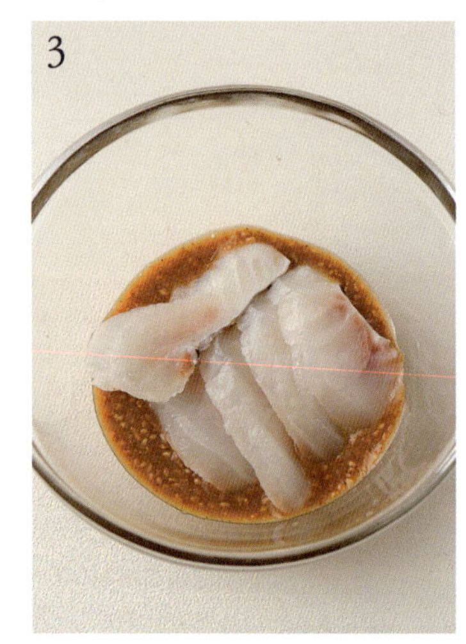

4인분 / 30분

- ☐ 밥 4공기(800g)
- ☐ 도미회 200g
- ☐ 참나물 4줄기
- ☐ 와사비 약간
- ☐ 아라레 약간
  (생략 가능)

깨소스

- ☐ 맛술 1큰술
- ☐ 물엿 2작은술
- ☐ 청주 1큰술
- ☐ 간장 2작은술
- ☐ 네리고마 2큰술
- ☐ 통깨 간 것 1큰술

육수

- ☐ 맛술 1큰술
- ☐ 청주 1큰술
- ☐ 우스구치간장
  2작은술
- ☐ 소금 2/3작은술
- ☐ 가쓰오부시 육수 3컵
  (600㎖, 23쪽)

How to Cook

1 냄비에 육수 재료를 넣고 중간 불에서 한소끔 끓인다.

2 참나물은 한입 크기로 썬다. 볼에 깨소스 재료를 넣고
분리되지 않게 잘 섞는다.

> 네리고마는 대부분 기름이기 때문에 한꺼번에 재료를 넣고
> 섞으면 분리되기 쉽다. 조금씩 넣어가며 섞어 분리되지
> 않도록 한다.

3 ②의 깨소스에 도미회를 넣고 버무린 후 밥 위에
올리고 그 위에 참나물, 아라레, 와사비를 올린다.
①의 육수는 별도의 주전자나 그릇에 낸다.

> 밥과 별도의 그릇에 깨소스를 올리고 그 위에 도미를 올려도 좋다.

> 깨소스에 버무린 도미회를 먹은 후에 육수를 따라서 먹는다.

새우 밤송이튀김 *海老の栗揚げ*

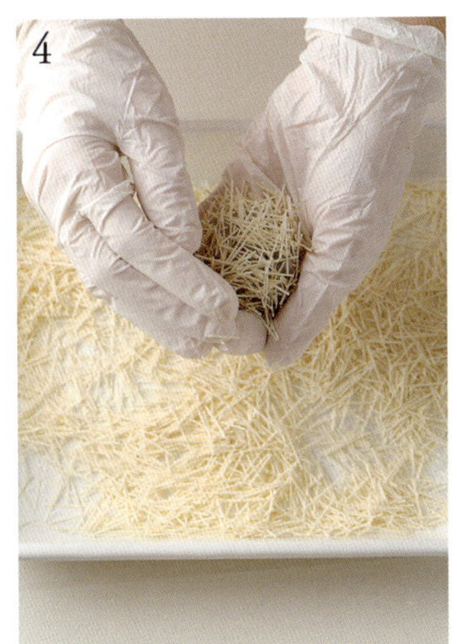

새우살을 다져 동그랗게 만든 후 겉에 국수로 튀김옷을 입혀 밤송이처럼
바삭하게 튀겼다. 소면은 손으로 짧게 자르는 것이 모양내기 편하다.
튀김 위에 유자 제스트를 올려도 맛있다.

 **4인분 / 30분**

- ☐ 생새우살 300g
- ☐ 한펜 어묵 1장(60g)
- ☐ 청주 1.5작은술
- ☐ 소금 1/3작은술
- ☐ 소면 약간

How to Cook

1   소면은 2cm 길이로 손으로 자른다.

2   새우와 한펜은 함께 곱게 다진다.
······ 한펜이 없을 경우 분량만큼 새우로 대체 가능하다.

3   볼에 ②의 새우와 한펜, 청주, 소금을 넣고 섞은 후 동그랗게
완자 모양으로 빚는다.

4   ③의 표면에 ①의 소면을 묻혀 손으로 모양을 잡으면서 둥글린다.
170℃(튀김 반죽이 바닥까지 가라앉았다가 2초 후 바로 떠오르는
정도)로 예열한 기름에 넣고 중간 불에서 3분간 노릇하게 튀긴다.
······ 튀김 위에 유자제스트를 뿌려도 맛있다.

규카츠

牛カツ

소고기를 레어 상태로 익혀 개인 화로에
구워먹는 소고기 커틀릿이다. 고기는 소금,
후추를 뿌리기 전 키친타월로 핏물을
제거한다. 또한 고기 두께에 따라 튀기는
시간을 조절하여 적당한 익힘 정도를
맞춘다. 홀그레인머스터드, 폰즈, 와사비,
유즈코쇼 등을
곁들여도 좋다.

 4인분 / 30분 (+ 소고기 실온에 두기 30분)

□ 소고기 등심 2덩어리
(스테이크용, 500g)

□ 박력분 약간

□ 건식 빵가루 약간

□ 튀김용 식용유 적당량

□ 소금 약간

□ 통후추 간 것 약간

튀김 반죽

□ 박력분 30g

□ 달걀 1개

□ 물 약 1.3큰술(20㎖)

양파소스

□ 양파 1/3개(약 70g)

□ 설탕 2작은술

□ 식초 1/4컵(50㎖)

□ 올리브유
1/2컵(100㎖)

□ 소금 2/3작은술

□ 통후추 간 것 약간

How to Cook

1   소고기는 키친타월로 닦아 핏물을 제거한 후
소금(약간), 후추(약간)를 뿌려 5분간 재운다.
……… 소고기는 실온에 30분 이상 미리 꺼내둔다.

2   볼에 튀김 반죽 재료를 넣고 잘 섞는다.

3   ①의 소고기에 박력분을 골고루 묻히고
여분의 가루를 털어낸 후 ②의 튀김 반죽
→ 빵가루 순으로 튀김옷을 묻힌다.

4   170℃(튀김 반죽이 바닥까지 가라앉았다가
2초 후 바로 떠오르는 정도)로 예열한 식용유에
넣고 중간 불에서 앞뒤로 뒤집어 가며 1~2분간
튀긴다. 키친타월에 올려 기름을 빼면서
3~5분간 레스팅한 후 적당한 크기로 썬다.
……… 고기 두께가 2.5cm 정도면 1분을 기준으로 튀긴다.
두께가 두꺼울수록 굽는 시간을 조금씩 늘린다.
……… 튀기는 정도는 개인 취향에 따라 조절한다.
……… 비스듬히 세워서 레스팅하면 바닥면이 눅눅해지는 것을
막을 수 있다.

5   푸드프로세서에 양파소스의 재료를 넣고 간다.
④의 규가츠를 적당한 두께로 썰어 그릇에 담고
양파소스를 곁들인다. 개인 화로를 준비해 기호에
맞게 구워 먹는다.
……… 양파소스는 먹기 직전 잘 흔들어 사용한다. 양파소스
대신 홀그레인머스터드, 폰즈, 와사비, 유즈코쇼 등도
잘 어울린다.
……… 채 썬 양배추를 곁들여도 좋다.
……… 개인 화로가 없다면 과정 ④에서 3~4분 정도 튀겨
속을 좀 더 익힌다.

4

채소 세이로무시
野菜せいろ蒸し

세이로(せいろ)라고 하는 편백나무 찜기에
각종 채소(野菜)를 넣고 쪄서 먹는 요리이다.
채소 종류에 따라 익는 시간이 다르기
때문에 찌는 시간을 조절한다.
채소 종류는 다양하게 넣어도 되고
채소 외에 차돌박이나
샤부샤부용 고기,
새우 등 해산물을
넣어서 쪄도 좋다.

 4인분 / 30분

- ☐ 단호박 1/2개(300g)
- ☐ 연근 1/2개(150g)
- ☐ 방울토마토 8개
- ☐ 방울양배추 5개(200g)
- ☐ 브로컬리 1/2개(150g)
- ☐ 모둠 버섯 200g(팽이버섯, 표고버섯 등)
- ☐ 아스파라거스 5줄기(100g)

생강미소소스

- ☐ 백된장 1.5큰술
- ☐ 설탕 1큰술
- ☐ 식초 1.5큰술
- ☐ 다진 생강 1/3작은술
- ☐ 물 1작은술

1

2

3

How to Cook

1 볼에 소스 재료를 넣고 섞는다.

2 단호박, 연근은 1~2cm 두께로 썰고, 방울양배추는 반으로 썬다. 브로콜리는 한송이씩 뜯는다.

3 팽이버섯은 밑동을 제거하고 가닥가닥 뜯고, 표고버섯은 윗면에 칼집을 넣어 모양을 낸다. 송이버섯은 길게 썬다. 아스파라거스는 4~5cm 길이로 썬다. 방울토마토는 씻어서 그대로 사용한다.

4 김이 오른 찜기에 단단한 채소를 먼저 올리고 뚜껑을 덮은 후 중강 불 이상을 유지하면서 약 5분간 찐다.

5 ④ 위에 나머지 채소를 올리고 3~4분 정도 더 찐다. ①의 소스를 함께 낸다.

········ 폰즈(25쪽)를 곁들여도 좋다.

사쿠라모찌
桜餅

도라야키
どら焼き

후르츠산도
フルーツサンド

달콤한 마무리
디저트와 빵

일본에 유학을 가기 전까지 저는 디저트를
그다지 좋아하지 않는 사람이라고
생각했습니다. 그런데 그곳에서 지내며 알게
되었어요. 제가 단맛을 싫어했던 것이 아니라
그동안 맛있는 디저트를 제대로 만나지
못했던 것뿐이라는 사실을요. 특별한 맛집이
아니어도 좋았습니다. 동네의 작은 빵집과
과자집들조차 놀라울 만큼 정성스러운
맛을 내고 있었어요. 진열대에 나란히
놓인 케이크와 푸딩, 갓 구워져 나온 빵을
바라보는 것만으로도 하루가 조금 환해지는
기분이 들었습니다.
도쿄에 폭설이 내리던 날, 딸기 케이크가

먹고 싶다는 이유 하나로 눈을 헤치고
동네 가게까지 걸어간 적이 있었어요. 요리를
배우러 왔으면서도 '이러다 제과학교로
방향을 틀어야 하나'라고 진지하게 고민했던
순간도 있었지요. 그만큼 일본의 디저트와
빵은 제게 새로운 세계였습니다.
이 챕터에서는 거창한 제과 기술보다 집에서
부담 없이 만들 수 있는 일본식 디저트와
빵을 소개합니다. 특별한 날의 케이크가
아니라 식사가 끝난 뒤 자연스럽게 이어지는
한입, 오후의 짧은 휴식을 닮은 레시피들로
채웠습니다. 단맛이 요란하지 않아도 하루의
끝을 충분히 다정하게 만들 수 있다는
마음을 담아서.

사쿠라모찌

桜餅

도라야키

どら焼き

사쿠라모찌

동경을 중심으로 한 간토 지역 스타일의
사쿠라모찌로, 전병을 구워 팥앙금과
벚꽃잎으로 감싼 디저트이다.
팬을 달군 후 약한 불로 가볍게 구워야
고운 핑크색으로 완성된다. 전병의
핑크색은 식용색소의 양으로 조절할 수
있다. 백옥분과 벚꽃잎은 일본 베이킹
식자재상 등에서 구매 가능하며
생잎이 아니라 절인 잎을 사용한다.

 20개 / 30분(+ 반죽 휴지하기 30분)

- [ ] 백옥분 20g(또는 건식 찹쌀가루)
- [ ] 박력분 80g
- [ ] 설탕 30g
- [ ] 물 120㎖
- [ ] 붉은색 식용색소 약간(기호에 따라 가감)
- [ ] 팥앙금 적당량(도라야키(304쪽) 팥앙금 참고)
- [ ] 절인 벚꽃잎 20장

How to Cook

1 볼에 백옥분, 물을 넣고 섞은 후 설탕을 넣고
녹을 때까지 거품기로 섞는다.

……… 백옥분(白玉粉)은 찹쌀을 물에 불려 곱게 간 후
가라앉힌 전분을 말려 만든 일본식 쌀가루이다.
일반 쌀가루와 달리 찹쌀 전분이 주성분이라 매우
쫀득하고 탄력이 강하다.

2 식용색소는 꼬치로 찍어 ①에 넣고 섞는다.

……… 식용색소는 소량으로도 진한 색이 나기 때문에
아주 조금씩 넣어가며 원하는 핑크색을 맞춘다.

3 박력분을 체 쳐 넣고 섞은 후 냉장실에서
30분간 휴지한다.

……… 반죽을 휴지시키면 표면이 매끈하게 잘 나온다.

4 코팅된 팬을 기름 없이 달군 후 ③의 반죽을
숟가락으로 떠 타원형으로 팬에 올린다.

5 약한 불에서 2~3분간 앞뒤로 색이 나지 않게
구운 후 식힌다.

6 반죽 위에 팥앙금을 적당량 올린 후 말고
절인 벚꽃잎으로 한 번 더 만다.

……… 팥앙금 양은 기호에 따라 조절한다.

……… 소금에 절인 벚꽃잎은 일본 베이킹 식자재상 등에서
구매 가능하다.

도라야키

팬케이크 사이에 팥앙금을 넣은
일본 전통 디저트이다. 도라야키 반죽을
구울 때 코팅된 팬을 달궈 기름 없이 구우면
표면의 색을 고르게 낼 수 있다.
팥앙금 외에도 딸기 등 베리류의 과일,
휘핑한 생크림 등을 함께 샌드하면
더 다양하게 즐길 수 있다.

 4인분 / 1시간 20분

팥앙금

☐ 팥 100g

☐ 설탕 70g

☐ 소금 1꼬집

☐ 식용유 1작은술

도라야키 반죽_약 10개분

☐ 박력분 100g

☐ 베이킹파우더 2작은술

☐ 설탕 100g

☐ 달걀 2개

☐ 생크림 20g

How to Cook

1 팥은 깨끗하게 씻은 후 냄비에 넣고 물을 넉넉하게
부어 센 불에서 한소끔 끓인다.

2 ①의 물을 버리고 다시 물을 넉넉하게 부어
팥알을 손으로 눌렀을 때 쉽게 뭉개질 정도까지
중약 불에서 끓인다.

3 설탕(70g), 소금을 넣고 물이 자작하게
남을 때까지 중간 불에서 끓인 후 핸드블렌더
등으로 으깨고 식힌다.

4 볼에 달걀, 설탕(100g)을 넣고 설탕이
녹을 때까지 거품기로 섞는다.

5 ④에 생크림을 넣어 섞고 박력분, 베이킹파우더를
함께 체 쳐 넣은 후 덩어리가 없도록 섞는다.

6 팬에 식용유를 아주 살짝 두르고 중간 불에서
뜨겁게 달군 후 숟가락으로 반죽을 동그랗게 떠서
올린다.

7 중약 불에서 반죽에 기포가 생기면 뒤집어서
살짝 굽고 식힌다.

8 ⑦의 도라야키 반죽에 ③의 팥앙금을
적당량 올리고 다른 1장의 반죽으로 덮은 후
랩으로 감싸 모양을 잡는다.

커스터드푸딩

カスタードプリン

일본식 커스터드 푸딩이다. 캐러멜시럽을 만들 때 젓지 않고 냄비 자체를
흔들어서 끓여야 하고 물을 넣을 때는 높은 온도 때문에 튈 수 있으므로 주의한다.
표면에 거품이 있는 상태로 익히면 거품 구멍이 생기기 때문에 거품은 최대한
걷어내고 익힌다.

 지름 7cm, 높이 4cm 푸딩틀 9~10개 분량 /
50분(+ 냉장실에서 굳히기 2시간)

- ☐ 달걀 2개
- ☐ 달걀노른자 1개분
- ☐ 설탕 40g
- ☐ 우유 220㎖
- ☐ 바닐라 빈 1/6개
- ☐ 실온 상태의 무염버터 약간

캐러멜시럽

- ☐ 설탕 30g
- ☐ 물 1큰술 + 1큰술

일본식 대표 디저트, 커스터드푸딩

커스터드푸딩은 서양 디저트가 일본식으로 자리 잡은
대표적인 양식(洋食, 요쇼쿠) 디저트이다. 유럽의
커스터드푸딩이 메이지 시대 이후 서양 문화와 함께
전해지면서, 일본에서는 더 단단하고 형태가 잘 유지되는
스타일로 변형되었다. 여기에 쌉쌀함과 단맛이 조화를
이루는 캐러멜소스를 곁들이는 형태로 정착했다.
일본에서는 학교 급식이나 간식으로 푸딩을 자주 접해
어린 시절의 추억을 떠올리게 하는 음식이기도 하다.
또한 부드럽고 달콤하면서도 자극적이지 않은 맛 덕분에
남녀노소 누구나 부담 없이 즐길 수 있다. 더불어 일본의
편의점 어디에서나 쉽게 볼 수 있어 더욱 친숙하게 느껴지는
디저트이기도 하다.

How to Cook

1 실온 상태의 부드러운 버터를 푸딩틀에 얇게 바른다.
⋯⋯⋯ 푸딩틀은 코팅이 되어 있지 않기 때문에 버터를 발라야 나중에 굳혔을 때
틀에서 잘 분리된다.

2 냄비에 설탕(30g), 물(1큰술)을 넣고 중간 불에 올려 젓지 않고 끓인다.
⋯⋯⋯ 캐러멜을 만들 때 저으면 설탕이 결정화되므로 냄비를 살짝 돌리면서 고루 섞는다.

3 ②의 색깔이 갈색이 되면 불을 끈 후 물(1큰술)을 더 넣고 냄비를 돌려가며
섞는다. 틀에 나누어 붓고 냉장실에서 잠시 식힌다.
⋯⋯⋯ 물의 양이 많아서 시럽은 완전히 굳지 않는다.
⋯⋯⋯ 물을 추가로 넣을 때 온도가 매우 높아 시럽이 튈 수 있으므로 주의한다.

4 다른 냄비에 우유, 바닐라 빈을 넣고 중간 불에 올린 후 끓어오르기 직전에
불을 끈다.
⋯⋯⋯ 바닐라 빈은 깍지를 반으로 갈라 칼등으로 씨를 긁어낸 후 깍지와 씨를 함께 넣어 끓인다.

5 볼에 달걀, 달걀노른자를 풀고 설탕(40g)을 넣어 섞은 후 ④를 넣고 섞는다.
⋯⋯⋯ 7~8시간 정도 냉장 숙성하면 풍미가 더 좋아진다.

6 체에 거르고 거품을 제거한다.
⋯⋯⋯ 거품 그대로 익히면 거품 구멍이 생기기 때문에 최대한 제거하는 것이 좋다.

7 ③의 틀에 ⑥을 90% 높이까지 채우고 오븐팬에 넣은 후 팬의 1/3 높이까지
끓는 물을 넣는다.

8 150℃로 예열된 오븐에서 중탕으로 30분간 익힌다. 냉장실에서 완전히 식힌 후
그릇에 엎어 올리고 틀을 제거한다.
⋯⋯⋯ 틀에서 뺄 때는 테두리 부분에 둘러가며 칼집을 넣고 엎어서 접시째로 잡고
아래위로 한두 번 흔들어 뺀다.

타마고산도

たまごサンド

타마고(卵, たまご)는 달걀이라는 뜻, 산도(サンド)는 샌드위치(Sandwich)의 줄임말인
샌드의 일본식 발음이다. 달걀샐러드를 속에 채운 샌드위치로, 달걀노른자와 우유, 마요네즈를 넣고
부드럽게 잘 섞어야 타마고산도 특유의 식감을 낼 수 있다. 마요네즈는 브랜드별로
맛의 차이가 있는데, 고소하고 진한 맛의 일본 큐피 마요네즈를 추천한다.

식빵 4장 분량 / 30분

- ☐ 식빵 4장(또는 모닝빵 4개)
- ☐ 달걀 3개
- ☐ 설탕 1/2작은술
- ☐ 우유 1/2큰술
- ☐ 연겨자 2/3작은술
- ☐ 마요네즈 3큰술
- ☐ 무염버터 약간
- ☐ 소금 3꼬집

How to Cook

1 달걀은 완숙으로 삶은 후 흰자, 노른자를 분리한다.

2 달걀흰자는 칼로 곱게 다진다. 볼에 달걀노른자를 넣고 으깬 후
우유, 마요네즈를 넣고 부드럽게 될 때까지 섞는다.
····· 달걀노른자의 부드럽고 크리미한 질감과 달걀흰자의 적당히 입자감 있는 식감이
더해져 폭신하고 부드러운 타마고산도가 완성된다.

3 연겨자, 소금, 설탕을 넣고 섞은 후 흰자를 넣고 섞는다.
····· 연겨자는 달걀과 마요네즈의 느끼함을 줄이고 알싸한 향으로 맛의 균형을
맞춘다.

4 식빵 양면에 버터를 바른다. 식빵 한쪽에 ③의 1/2분량을 올리고
다른 식빵을 덮어 반으로 썬다.

후르츠산도

フルーツサンド

후르츠(Fruit)는 과일, 산도(サンド)는 샌드위치(Sandwich)의 줄임말인 샌드의 일본식 발음이다.
생크림에 마스카포네치즈를 넣은 휘핑크림과 생과일로 만든 디저트 샌드위치로, 자르는 식빵 단면을
고려하여 과일을 배치해야 한다. 마스카포네치즈를 빼고 생크림을 2배로 넣어도 된다.
과일은 무화과나 복숭아, 샤인머스캣 등 물기가 많지 않은 다른 과일로 다양하게 응용할 수 있다.

 **4인분 / 30분**
(+ 냉장실에서 굳히기 1시간)

- ☐ 식빵 4장
- ☐ 설탕 10g + 10g
- ☐ 마스카포네치즈 100g
- ☐ 생크림 1/2컵(100㎖)
- ☐ 딸기 12개
  (또는 무화과, 청포도 등)

How to Cook

1 볼에 마스카포네치즈를 넣고 거품기로 부드럽게 푼 후 설탕(10g)을 넣고
섞는다.

2 다른 볼에 생크림, 설탕(10g)을 넣고 핸드믹서를 이용해 80% 정도로
단단하게 휘핑한 후 ①에 넣고 섞는다.

3 식빵 한쪽에 ②의 크림 1/4분량을 바르고 딸기를 올린 후
딸기 사이사이를 채우듯이 크림 1/4분량을 더 바른다.
······ 잘랐을 때의 단면을 고려하면서 과일 크기를 맞춰가며 배치한다.
······ 과일은 키친타월로 물기를 완전히 제거한다.

4 다른 식빵을 덮고 랩으로 단단히 싼다. 동일하게 하나 더 만든다.
냉장실에서 1시간 이상 굳힌다. 랩째 반으로 썬다.
······ 썰기 전 칼을 뜨거운 물에 넣었다 닦은 후 랩을 씌운 채로 썰면 단면이 깨끗하고
모양이 흐트러지지 않는다. 랩에 써는 방향을 표시해두면 좋다.

명란바게트

明太フランス

후쿠오카의 명물인 명란젓(明太, 멘타이)과 버터로 짭짤 고소한 맛을 낸 간식용 빵이다.
바게트에 명란소스를 채워 한 번 더 굽기 때문에
부드러운 샌드위치용 반미 쌀바게트를 추천한다.

 미니바게트 2개 / 10분

□ 미니 바게트 2개
□ 다진 쪽파 약간
　 (또는 김채, 생략가능)

명란소스

□ 저염 명란 20g
□ 마요네즈 10g
□ 쯔유 1/3작은술(25쪽)
□ 다진 마늘 3g
□ 실온 상태의 무염버터 20g

How to Cook

1　볼에 명란소스 재료를 모두 넣고 섞는다.

2　바게트는 길게 칼집을 넣고 칼집 사이에 ①을 적당량 채운다.

3　180℃로 예열한 오븐(또는 에어프라이어)에서 5분간 굽고
　 적당한 두께로 썬다. 다진 쪽파를 올린다.

정갈하고 건강한 한 끼

집에서 즐기는 일본 요리 수업

1판 1쇄 펴낸 날	2026년 3월 25일
편집장	김상애
디자인	조운희
사진 촬영	박형인(studio TOM)
요리 어시스트	이형주
기획 · 마케팅	내도우리 · 홍주미
편집주간	박성주
펴낸이	조준일
펴낸곳	(주)레시피팩토리
주소	서울특별시 용산구 한강대로 95 래미안용산더센트럴 A동 509호
대표번호	02-534-7011
팩스	02-6969-5100
홈페이지	www.recipefactory.co.kr
애독자 카페	cafe.naver.com/superecipe
출판신고	2009년 1월 28일 제25100-2009-000038호
제작 · 인쇄	(주)대한프린테크

값 30,000원

ISBN 979-11-92366-66-1